全民科普 创新中国

# 怪兽家族秘档

冯化太◎主编

汕头大学出版社

## 图书在版编目（CIP）数据

怪兽家族秘档 / 冯化太主编. -- 汕头 ：汕头大学
出版社，2018.8
　　ISBN 978-7-5658-3696-1

　Ⅰ．①怪… Ⅱ．①冯… Ⅲ．①野生动物－青少年读物
Ⅳ．①Q95-49

中国版本图书馆CIP数据核字(2018)第164017号

怪兽家族秘档　　　　　　　GUAISHOU JIAZU MIDANG

主　　编：冯化太
责任编辑：汪艳蕾
责任技编：黄东生
封面设计：大华文苑
出版发行：汕头大学出版社
　　　　　广东省汕头市大学路243号汕头大学校园内　邮政编码：515063
电　　话：0754-82904613
印　　刷：北京一鑫印务有限责任公司
开　　本：690mm×960mm 1/16
印　　张：10
字　　数：126千字
版　　次：2018年8月第1版
印　　次：2018年9月第1次印刷
定　　价：35.80元
ISBN 978-7-5658-3696-1

  习近平总书记曾指出："科技创新、科学普及是实现创新发展的两翼，要把科学普及放在与科技创新同等重要的位置。没有全民科学素质普遍提高，就难以建立起宏大的高素质创新大军，难以实现科技成果快速转化。"

  科学是人类进步的第一推动力，而科学知识的学习则是实现这一推动的必由之路。特别是科学素质决定着人们的思维和行为方式，既是我国实施创新驱动发展战略的重要基础，也是持续提高我国综合国力和实现中华复兴的必要条件。

  党的十九大报告指出，我国经济已由高速增长阶段转向高质量发展阶段。在这一大背景下，提升广大人民群众的科学素质、创新本领尤为重要，需要全社会的共同努力。所以，广大人民群众科学素质的提升不仅仅关乎科技创新和经济发展，更是涉及公民精神文化追求的大问题。

  科学普及是实现万众创新的基础，基础更宽广更牢固，创新才能具有无限的美好前景。特别是对广大青少年大力加强科学教育，使他们获得科学思想、科学精神、科学态度以及科学方法的熏陶和培养，让他们热爱科学、崇尚科学，自觉投身科学，实现科技创新的接力和传承，是现在科学普及的当务之急。

近年来，虽然我国广大人民群众的科学素质总体水平大有提高，但发展依然不平衡，与世界发达国家相比差距依然较大，这已经成为制约发展的瓶颈之一。为此，我国制定了《全民科学素质行动计划纲要实施方案（2016—2020年）》，要求广大人民群众具备科学素质的比例要超过10%。所以，在提升人民群众科学素质方面，我们还任重道远。

我国已经进入"两个一百年"奋斗目标的历史交汇期，在全面建设社会主义现代化国家的新征程中，需要科学技术来引航。因此，广大人民群众希望拥有更多的科普作品来传播科学知识、传授科学方法和弘扬科学精神，用以营造浓厚的科学文化气氛，让科学普及和科技创新比翼齐飞。

为此，在有关专家和部门指导下，我们特别编辑了这套科普作品。主要针对广大读者的好奇和探索心理，全面介绍了自然世界存在的各种奥秘未解现象和最新探索发现，以及现代最新科技成果、科技发展等内容，具有很强的科学性、前沿性和可读性，能够启迪思考、增加知识和开阔视野，能够激发广大读者关心自然和热爱科学，以及增强探索发现和开拓创新的精神，是全民科普阅读的良师益友。

# 目 录
## CONTENTS

# 兴风作浪的海蛇

### 多次发现海蛇

1947年12月，一艘从纽约开往卡塔赫纳的希腊定期远洋轮传来一惊人的消息："撞死了一条不为人知的海洋动物。"初步估计可能是海蛇。

该远洋轮的船长在纽约说："当怪物还在视线以内的时候它就被撞死了，周围的海水被染成了红色。怪物的头宽0.76

米，粗0.66米，长约1.52米；圆柱形的身体的直径达1.52米；颈直径有0.43米；外皮呈褐色，无毛。

以后，在肯尼亚、朝鲜、加拉帕戈斯群岛、地中海等水域，先后都出现过这种目击奇闻。

1959年12月1日，德班的一群渔民突然扔下渔网中断了捕鱼，张皇失措地将船驶向岸边。原来，他们在海里遇到了一群从未见过的海洋动物。有一条船上的目击者后来说，约有20条10米至15米长的怪物，他一生中从未见过类似的动物。

1964年5月14日，"新贝德福号"捕鱼船的渔民，在马萨诸塞海湾又遇到了同样的事情。准备捕鲸的渔民惊奇地发现，他们见到的不是鲸，而是一条15米长为人所不知的动物。该动

物把鳄鱼般的头抬离水面4米至5米。

　　1966年7月，美国人布莱特和里奇埃为创造新纪录划船穿过大西洋。当他们划到大西洋中心时，发生了一起奇异的遭遇。夜里2时左右，只见波光粼粼的海浪中出现了一个发亮的长带，这条长带冲开浪峰从水里抬起一个从未见过的动物的头，一双突出的眼睛闪烁着绿光，冷冷地盯着发呆的两个人，它慢慢地游动着，转动着长颈上的头。

### 海底藏怪物之因

　　海洋较少地经受非生物因素的交替，不仅对季节的变化不敏感，而且在几个地质时代内，温度、含盐度、溶解在水中的各种物质的含量的变化同陆地上发生的变化相比较是极其微弱的。

　　无怪乎在上一个世纪中叶就出现过这样一种观点：认为海洋是一切生物避难所中最安全的处所，那里可能躲藏着前几个地质时代的有代表性的动物。

1864年，人们从540米深处捕获到活的海百合，过几年又抓到鲜红色的海胆。可在那时以前，人们只见到过这些生物的化石，其年龄已有1.5亿万年。1939年，人们又发现了矛尾鱼活体。

### 科学家们的猜测

人们目击的这些动物，究竟是一种还是几种呢？根据古生物资料对长颈动物的描述来判断，让人首先想到的就是15米长的蛇颈龙。蛇颈龙是已灭绝的蛇颈龙属海生爬行类的统称，它们由陆上生物演化而来，再回到海洋中生活。

蛇颈龙生活在三叠纪到白垩纪晚期，于白垩纪末灭绝。

蛇颈龙的外形像一条蛇穿着一个乌龟壳，头小，颈长，躯

干像乌龟，尾巴短。蛇颈龙的头虽然很小，但口很大，口内长有很多细长的锥形牙齿，它们以捕鱼为生。白垩纪时代的蛇颈龙身体非常庞大，一般长达11米至15米，有的还达到18米以上。它们的四肢已演化为适于划水的肉质鳍脚，这种鳍脚使蛇颈龙既能在水中自如往来，又能爬上岸来休息或产卵繁殖后代。长颈型蛇颈龙主要生活在海洋中，脖子极长，像一条蛇，身体宽扁，鳍脚犹如4支很大的划船的桨，长颈伸缩自如，可以攫取较远处的食物。

科学家猜测，假若它们是早已灭绝的蛇颈龙，那么，它们即使还有少量活着，数量也不会太多，而且，它们只能生活在深海区或不是经常用网捕鱼的海域，突然在这里出现一定是偶然。

科学家认为，由于它们的听觉和视觉都很发达，行动显得非常小心，所以，它们善于夜间活动，并能避开船只和捕捞工

具，被人们所看到的，可能是其中年老或体弱的。它们在习性上已发生了剧烈的变化，生理上也变得迟钝，再加上已有部分功能丧失，才被人们发现。这也是科学家认为蛇颈龙可能有少量能够活到现在的主要依据。

拓展阅读

　　海蛇也称"青环海蛇"和"斑海蛇"，是生活在海洋里的爬行动物，有毒。一般长1.5米至2米。其躯干略呈圆筒形，体细长，后端及尾侧扁。背部深灰色，腹部黄色或橄榄色。全身具黑色环带，暖水性海洋都有分布。

# 海洋中的不明潜水怪

### 水怪备受关注

古往今来，数以千计的人声称亲眼目睹过水怪，并给这些水怪取了许多神奇动听的名字，如海龙、海蛇、海长颈鹿及海天鹅等。是确有水怪存在还是人们在创造新的神话呢？

随着人们对不明飞行物UFO的兴趣越来越浓，对水里的不明潜水物（USO）的关注也越来越大。近百年来，关于不明潜水物的目击报告已多达数百起，不知道究竟是真是假。

### 水怪出现案例

1817年8月，300余人在美国马萨诸塞州一海港看到一个蛇怪，脑袋像乌龟头，身长20米，有啤酒桶一半粗，浑身呈暗褐色。后来，几名工人乘小艇在海上垂钓时，再次见到这怪物，其中一个工人掏出手枪，在离怪物20米处开枪，击中它的脑袋，随后这怪物隐入海中不见了。

1848年8月6日，在距非洲南端500千米的海面上，英国巡洋舰"达达露斯号"遇到一个怪兽，脑袋两米长，像海龟头，脖子呈墨蓝色，身体灰色，脖颈以下部分长着马鬃状东西，露出水面的身躯长达18米。一个月后，美国"达普内号"帆船也在这里遇到一个蛇身龟头怪物，身长达30米，眼睛炯炯发光。

1897年6月，法国"阿法拉什号"炮舰在阿洛格海湾遇上两条大蛇，蛇长20米，粗2米至3米。炮舰驶至600米处开炮，

大蛇钻入水中逃走。

　　1902年10月28日上午，西非几内亚海湾风平浪静，英国货船"福特·索尔兹贝利号"稳稳地航行着。突然，一名船员看见一个庞然大物慢慢浮出海面，形状似雪茄，直径约9米，约体长61米。

　　1904年4月，法国炮舰"德西号"停泊在越南海防港附近的阿龙湾。一天，水手们目睹了一个巨大的海怪，它升出水面的身躯长达30米，全身裹着一层柔软的黑皮，点缀着大理石斑点。5米长的头上长着大鳞片，很像巨海龟的头。它喷起的水柱高达15米，在离炮舰35米处沉入海中。

　　1915年7月30日，德国潜艇"Y28号"在爱尔兰海岸击沉一艘英国轮船。当潜艇在水面上轰击时，从海里跃出一条奇怪的巨大水怪，一连出没几次，然后消失在海里。

## 人们翘首以盼

假若说，茫茫无际的海洋中神出鬼没的USO搞得人们不知所措、心神不宁的话，那么，星罗棋布的地球湖泊中不时传来USO的奇闻，则带给人希望和企盼。

因为，在相对狭小的湖泊捕捉一个湖怪要比在浩瀚的大海中捕捉一个USO更为容易。人们正翘首以盼，希望有一天能再现USO的踪影，以揭开这个20世纪的一大奇谜。

## 大王乌贼的发现

自古以来，在世界各国的渔夫和水手们中间就流传着可怕的海中巨怪的故事。在传说中，这些海怪往往体形巨大，形状怪异，甚至长着7个或9个头。

其中最著名的当属1752年卑尔根主教庞毕丹在《挪威博物

学》中描述的挪威海怪，只是挪威海怪描述的是巨型章鱼，不是乌贼。据说"它背部，或者该说它身体的上部，好像小岛似的。后来有几个发亮的尖端或角出现，伸出水面，越伸越高，有些像中型船只的桅杆那么高大，这些东西大概是怪物的臂，甚至可以把最大的战舰拉下海底"。

19世纪以来，随着现代动物学的发展，过于荒诞的海怪传说逐渐消失。但还有一些报道，值得我们注意：1861年11月20日，法国军舰"阿力顿号"从西班牙的加地斯开往腾纳立夫岛途中，遇到一只有5米至6米长，长着两米长触手的海上怪物。船长希耶尔后来写道：我认为那就是曾引起不少争论的、许多人认为虚构的大章鱼。希耶尔和船员们用鱼叉把它叉中，又用绳套住它的尾部。但怪物疯狂地挣扎，把鱼叉弄断逃跑了。绳索上只留下重约18千克的一块肉。

比利时的动物学家海夫尔曼斯搜集并分析了从1639年至1966年300多年间共500多宗发现海怪的报告，排除可能看错

的、故意骗人的和写得不清楚的，认为可信的有300多宗。

他把这些报道中所有的细节输入电脑分析，得出9种不同的海怪。虽然这些报道中仍不免有夸张成分，但其中至少有一种从前人们认为不可能存在的海中巨怪得到证实，那就是大王乌贼。但也有人置疑海夫尔曼斯的分析，认为他的分析信息并不准确，那么，横行海上的巨怪到底是什么东西呢？正确答案还有待于人们继续探索。

拓 展 阅 读

USO有很多种意思，它可以是"不明潜水物体"的缩写，也可以是美国劳军联合组织的缩写，还是日本一个著名的恐怖灵异电视节目，但在本文是指不明潜水物体。

# 加那利群岛水域海怪

### 巨大海怪现身

1861年11月30日，一个巨大的海怪在加那利群岛水域出现，当时在该水域航行的法国炮舰"阿莱克顿号"的船员们目睹了这一事件。他们还尝试捕获它，但却失败了。

他们用套索套住怪物的身体，但是套索一直滑至尾鳍才停住。正当船员们竭力把海怪拉进船舱的时候，海怪挣脱了套

索，除了一小部分尾巴以外整个身体又滑落回水中。可是在当时，没有人相信。直至几年以后官方才承认目击者当时看见的确实是一个奇怪却真实的动物。人们认为船员们看见的是一只巨型鱿鱼，从尾尖至触角头大约有7.2米长。已知的鱿鱼中有比它更大的，但是其巨大的体积让人怀疑。

### 巨型鱿鱼样子

有关于这种动物的早期描述来自18世纪，埃里克·旁托皮丹主教曾在他的一部主要的动物学书籍《挪威自然历史》中提到过北海巨妖。虽然旁托皮丹有些夸张，但是他对那只巨大的鱿鱼描述得还是相当仔细。

早期的有关巨型鱿鱼的描述大都被当作幻想或民间传说。

所以当有关1673年在爱尔兰的丁格尔湾发生的搁浅和屠杀巨型鱿鱼的记载资料公开后，几乎没有引起任何人注意。那份报告描述说那个怪物"有两个脑袋，10只犄角，犄角上有大约800多个纽扣状物，每一个纽扣状物里都有一排牙齿，它有5.7米长，身体比一匹马还大，有两只很大的眼睛"。

### 揭开神秘面纱

19世纪的丹麦动物学家约翰·杰皮特斯·斯丁斯特拉普是第一位对北海巨妖进行全面研究的科学家。他发现早在1639年就有看似巨型鱿鱼搁浅的记录，并且搜集了有关标本。

可在当时并没有引起多大反响，直至19世纪70年代，在加拿大纽芬兰和拉布拉多海岸连续发生一系列动物搁浅事件后，

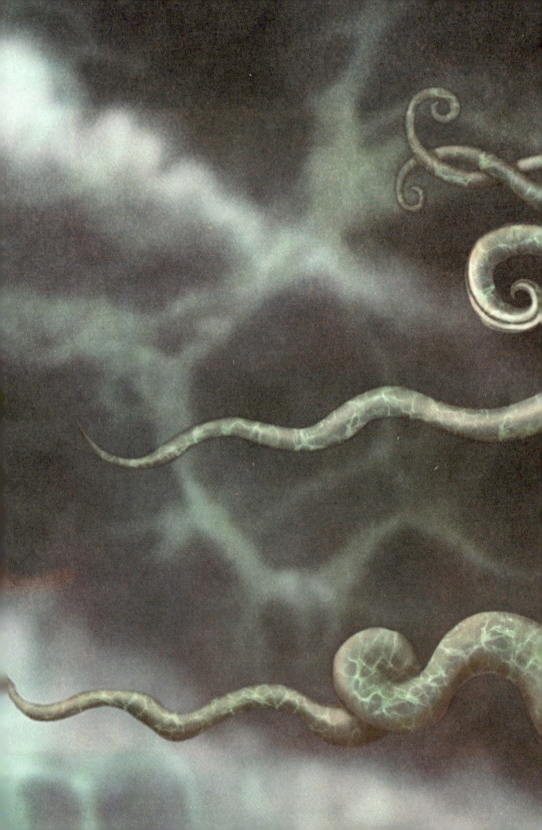

才引起一些思想开放的科学家，包括《美国自然科学家》的编辑帕卡德进行调查。

　　1873年10月，一名叫西奥菲利·皮科特的渔民和他的儿子在纽芬兰省圣约翰附近的大钟岛水域碰到一条巨型鱿鱼，并砍下它的一只触手。

　　皮科特告诉加拿大地质学委员会的调查员亚历山大·默里，还有约3米长的触手残留在鱿鱼身上，他们所捕获到的触手长约7.5米。皮科特声称那只鱿鱼十分巨大，大约18米长，1.5米至3米宽。从那儿之后，巨型鱿鱼的神秘面纱逐渐被揭开。

### 巨型鱿鱼的捕食

巨型鱿鱼的两只捕食性长触手上末端膨大，上面有强大吸盘，而吸盘环上长有利齿，其他8条触手上也有长利齿的吸盘，这使得猎物一旦被抓住就难以逃脱，而尖而有力的喙状嘴以可怕的效率解决猎物。但它们巨大的身躯无法让其变成无敌的动物。相反，它们是抹香鲸最喜爱的食品，在死亡的抹香鲸胃里常能见到难以消化的巨鱿的喙，而且许多抹香鲸的身体上都有巨鱿吸盘上利齿留下的圆圈状伤痕。

### 巨型鱿鱼的交配

就像许多其他种类的鱿鱼一样，雄性巨鱿也不具备真正的阴茎。这些动物的10只腕中，有一至两只兼性交器官的作用，也就是所谓的茎化腕，或者也被称为是交接腕。一般雄性鱿鱼交配时，会把茎化腕伸到雌性鱿鱼的外套腔里，将小小的精荚

直接送到雌性体内卵细胞的周围。而巨型鱿鱼交配时使用的显然是另一种不太温柔的方法。一只大约15米长的雌性巨鱿落入澳大利亚塔斯马尼亚岛渔民的网中，它身上有两处小皮伤。科研人员在皮下发现了小小的精荚。看来，是一只雄性巨鱿硬是把这两个盛满精子的精荚，注射到了这只雌性巨鱿的皮下。其他种类的鱿鱼，往往在特殊的储藏地，比如说在外套腔里，或者是生殖器官周围，储藏几个月的精子，而巨型鱿鱼却喜欢有目的地直接储藏在皮下。有了这一发现之后，学者们猜测，这些深海巨物的雄性，或许是使用它们的颌骨，或者是带有锯齿的吸盘，先在雌性的皮肤上，划出小小的伤口，然后再把精荚存放进去。

在塔斯马尼亚落网的这只雌性巨鱿还没有发育成熟，所以，专家们猜测，巨型鱿鱼的这种皮下交配法，是用来保障后

代繁殖的。也许，在那没有一丝光线的海底深处，交配对象之间打照面的机会并不很多。

在这种情况下，即使雌性巨鱿还没有发育成熟，一旦偶遇佳机，还是先交配再说。在身上收留一些精子，直到有一天，有成熟的卵子时，再让它们受精。

这样的做法，可以说是很有用处的。只不过，那些精子后来究竟是怎样从皮下储藏室进入到雌性的生殖系统并与卵子结合的，科学家们还是不得而知。也就是说，巨型鱿鱼对于人类依然还有一团没有解开的谜。

### 大王酸浆鱿的发现

20世纪初，一种可以与巨型鱿鱼同日而语的新生物——大王酸浆鱿被曝光。科学家推断它们为群居捕食性动物，是典型

的深海、寒海巨鱿，它不仅比大王乌贼还要大，同时也是更活
跃的掠食者。

大王酸浆鱿拥有漂亮的巨大圆鳍和世界上最大的眼睛，足
有足球大，但它们的大脑却很小，只有30克，为人类的1／70，
其呈圆环形，中间有食道穿过，但当它们吞噬较大的东西时，
会对大脑造成损伤。它拥有乌贼中最大的"鸟喙"，咬碎骨头
完全没问题。

大王酸浆鱿的耳朵里有很小的耳石，用于分辨方向，上面
有圆圈，类似年轮，一圈代表一天。大王酸浆鱿生长得快，死
得也快，它们的寿命只有450天左右。大王酸浆鱿的血液呈蓝
色，肛门从腮部下面传过，有8条腕足，两条触手，长的为触
手，短的就是腕足，腕足上长有可360度旋转的倒钩，类似于
老虎的利爪，最长可达0.08米，可以轻易地在鲸脂中划出0.05

米深的伤口。

雄性比雌性更罕见，雄性进化出精腕，向雌性体内注射精液，其卵子直径约为0.001米。发现的大多为雌性，主要分布于南太平洋围绕南极大陆海域，偶尔向北方分布到南非外海。

### 捕获的大王酸浆鱿

2007年，新西兰船员在南极罗斯海捕获到的雌性未成年大王酸浆鱿。这次大王酸浆鱿活体的捕获确是非常罕有的，以前人们通常只在抹香鲸或大型鲨鱼肠胃中发现它们残体，完整的个体样本只有几次。但是因为是未成年的巨鱿，所以科学家只能凭这些样本估计成年大王酸浆鱿约长达14米，但真正成年的巨鱿至今还没有被发现。

### 与大王乌贼的区别

大王酸浆鱿与大王乌贼的主要差异在触手的勾爪上，大王乌贼的触手没有勾爪，而是周边附有硬质锯齿的吸盘。大王酸

浆鱿的胴体具有巨大的游泳鳍，但在胴体与触手的长度比例上则不如大王乌贼。同样长度的大王酸浆鱿与大王乌贼相比，大王乌贼的触手长度会超过大王酸浆鱿，两者的共同点是体色都是红褐色。

拓 展 阅 读

加那利群岛，位于非洲西北部的大西洋上，非洲大陆西北岸外火山群岛。东距非洲西海岸约130千米，东北距西班牙约1100千米。岛群呈弧形分布，长约480千米。由特内里费、大加那利、拉帕尔玛、戈梅拉等岛屿组成。

# 长白山天池怪兽

### 天池的地理环境

长白山坐落在我国吉林省东南部中朝两国交界的地方。它是由火山喷发的炽热岩浆冷却后堆积而成的，属于一座多次喷发的中心火山或复合火山，外观呈圆锥状。锥体中央的喷火口形如深盆，积水成湖，此湖即是闻名遐迩的火山湖，也叫长白山天池。

　　长白山天池水面海拔2194米，面积9平方千米，湖内深达373米，平均水深204米。它的水温终年很低，夏季只有8度至10度。从科学角度来看，这里自然环境恶劣，水温较低，地处高寒，浮游生物很少，水中存在大型生物的可能性不大。

### 天池湖面现怪兽

　　然而，1962年8月却有人用望远镜发现天池水面有两个怪物互相追逐游动。

　　18年后的8月21至23日，又有人再次目睹了水怪的出现。8月21日早晨，作家雷加等6人在火山锥体和天文峰中间的宽阔地带发现天池中间有喇叭形的阔大划水线，其尖端有时露出盆大的黑点，形似动物的头部，有时又露出拖长的梭状形体，好似动物的背部。

22日晨，五六只水怪又突然出现在湖面上，约40分钟后才相继潜入水中。

23日，5只怪兽又出现在距目击者40多米远的水面上，水怪有黑褐色的毛，颈底有一白底环带，宽约0.05米至0.07米，圆形眼睛，大小似乒乓球。惊慌的目击者边喊边开枪，可惜都未击中，怪兽潜水而逃。

### 科学家们的猜测

1981年7月21日，朝鲜科学考察团在池中发现一只怪兽，他们依据观察和摄影资料，判断怪兽是一只黑熊。

而我国一位科学工作者对此提出质疑，认为人们所见的水怪与黑熊的形态有很大区别，并且黑熊虽然能游泳却不善潜水，因此黑熊并不能解释"天池怪兽"之谜。

于是有又人提出怪兽很可能是水獭。水獭身体细长，又善潜水，能在水下潜游很长距离。它为了觅食而进入天池，被人们远远看见，加上光线的折射，动物形状被放大，于是便成了人们传说中的天池怪兽。

### 怪兽历史至今已百年

《长白山志》记述：1903年4月，行路人徐永顺，其弟复顺随至让、俞福等人，到长白山狩鹿，追至天池，"适来一物，大如水牛，吼声震耳，状欲扑人，众皆惧，相对失色，束手无策。俞急取枪击放，机停火灭。物目眈眈，势将噬俞，复顺腰携六轮小枪，暗取放之，中物腹，咆哮长鸣，伏于池中。半钟余，池内重雾如前，毫无所见"。

　　1908年,奉吉勘界委员刘建封在《长白山江岗志略》中记述:"自天池中有一怪物浮出水面,金黄色,头大如盆,方顶有角,长项多须,猎人以为是龙。"

　　1962年8月中旬,吉林省气象器材供应站的周风瀛用双筒望远镜发现天池东北角距岸两三百米的水面上,浮出两个动物的头,前后相距两三百米,互相追逐游动,时而沉入水中,时而浮出水面。有狗头大小,黑褐色,身后留下人字形波纹。一个多小时后,潜入水中。

　　1976年9月26日,延吉县老头沟桃胡乡苗圃主任老朴和苗圃工人,以及外来的解放军同志共二三十人,在天文峰上看见一个高约两米、像牛一样大的怪兽伏在天池的岸边休息。大家惊讶地大喊大叫起来，怪兽被惊动，进入天池，游到接近天池中心处消失。

1980年8月23日，吉林省气象局两位同志从山上下至天池底端，在距池边只有30米处，有5只头部和前胸昂起，头大如牛，体形如狗，嘴状如鸭，背部黑色油亮，似有棕色长毛，腔部雪白的动物。他们边喊边开枪，均未击中，怪兽迅速潜入水中，不见踪影。

1999年，有目击者拍下了怪兽现身的照片。由于发现距离

有两三千米远，虽然拿着50倍的望远镜，怪兽也只能看到是小白点或小黑点，但是从相对山峰倒影的明显移动的波纹，可以明显看出是活动的生物。

### 不同的科学观点

对天池水怪持否定态度的人认为，天池形成的时间并不长，最后一次喷发距今只有近300年，是不可能有中生代动物存活的，况且池中缺少大型动物赖以生存的必要的食物链，无法保证此类大动物的食物来源。

还有一种观点认为，天池中常有时隐时现的礁石从水中浮现，也如动物一样有时把头伸出水面，有时沉入水中。还有火山喷出的大块浮石，它在水中飘浮，在风吹下也一动一动地在水面浮动，远远看去也如动物一样在水中游泳。

许多目击者产生的是不是错觉？长白山天池怪兽是否存在？还有待于科学家进一步的研究和探索。

拓 展 阅 读

2011年7月22日，辽宁省大连某高校的一名教师在天池游玩时，意外地拍到了传说中的天池怪兽。更巧的是，就在同一天，一名来自吉林省长春的学生也拍到了类似画面。怪兽在天池中头部露出水面，头上隐约有两个角。

# 新疆喀纳斯湖怪

### 喀纳斯湖的奇观

喀纳斯湖是一个坐落在新疆北部阿尔泰深山密林中的高山湖泊，自然景观保护区总面积为5588平方千米。喀纳斯湖是我

国有名的"变色湖",湖面会随着季节和天气的变化而时时变换颜色,晴天深蓝绿色;阴雨天暗灰绿色;在夏季炎热的天气里湖水会变成微带蓝绿的乳白色。

　　喀纳斯湖有几大奇观,一是千米枯木长堤,这是喀纳斯湖中的浮木被强劲谷风吹着逆水上漂,在湖上游堆聚而成的;二是据说湖中有巨型水怪,常常将在湖边饮水的马匹拖入水中,这给喀纳斯湖平添了几分神秘色彩,也有人认为是当地特产的一种大红鱼在作怪。

　　据当地图瓦人民间传说,喀纳斯湖中有巨大的怪兽,能喷

雾行云，常常吞食岸边的牛羊马匹。这类传说，从古到今，绵延不断。

近年来，有众多的游客和科学考察人员从山顶亲眼观察到巨型大鱼，它们成群结队、掀波作浪，拖着长达数十米的黑色身体在湖中慢游。一时间"湖怪"的传说被传得沸沸扬扬，神乎其神，也为美丽的喀纳斯湖增加了神秘的色彩。

### 当地人的传说

在很久很久以前，有一个牧民把10多匹马赶到我国新疆喀纳斯湖边放牧。天气非常好，太阳暖洋洋地照着，牧人躺在离

湖边较远的一片草地上，草香醉人，渐渐地进入了梦乡。

等牧人醒来时，马群却不见了。他急忙奔到湖边一看，立刻惊呆了。只见湖边的水被染成一片血红色，岸边还遗留着一些杂乱的马蹄印。惊恐中，牧人没敢在湖边久留，慌慌张张地跑回家了。

这类传说在湖区还有很多。据说，那喀纳斯湖怪硕大无比，出没无常，一口就能并吞掉一头牛犊。它时常在湖边偷袭吞食牛马。1931年，有一位牧民正在湖旁放牧，突然听到湖中发出"隆隆"的声响。

牧民一惊，放眼向湖中望去，刚才还平静的湖面上骤然掀起了巨大的波浪，浪花飞腾翻滚，在阳光下闪耀着刺眼的红光。只见10多条巨大的红色鱼形怪物在水面上翻腾跳跃，搅得湖水汹涌澎湃，十分雄奇壮观。

### 图瓦人的传说

相传，很久以前成吉思汗西征途经喀纳斯湖，见到这样一个美丽的地方，决定在这里暂住时日，休整人马。成吉思汗喝了湖水，觉得特别解渴，就问手下将领这是什么水？

有一位聪明的将领应声回答道："这是喀纳乌斯，就是可汗之水的意思。"

众将士听了也一齐回答道："对！这是可汗之水。"

成吉思汗点点头说："那就把这个湖叫作喀纳乌斯。"

于是在图瓦人的传说里，他们是成吉思汗的后代。成吉思汗驾崩之后，遗体就沉在喀纳斯湖中，图瓦人作为当年成吉思汗的亲兵，就留在喀纳斯湖边，世代守卫王陵。湖怪就是保卫成吉思汗亡灵不受侵犯的湖圣。

图瓦人说，其祖辈曾组织过两次猎捕湖怪的大行动。一次制作了一只大铁钩，以牛头为饵，牛皮为绳，将绳的另一头用20匹马拉着。

等了一天，湖怪上钩了，他们便赶着马拉动，走了没多远，20匹马累得口吐白沫，他们只好将皮绳绕在几棵大树上，刚系好，绳子便断了，第一次行动失败。另一次是宰杀了10多头牛，用牛皮制成一张大网，用5只小船拖着大网绕湖而行，结果船沉网破，此次行动又以失败而告终。

### 神秘的传说

据说在很久之前，喀纳斯湖两旁的大山闹起了矛盾，原来紧挨在一起的大山各自离去，大山的这一举动，给当地人带来了巨大的灾难。

于是，喀纳斯湖底的湖圣出现了，阻止了大山的运动，于是人民又可安居乐业，自由快乐地生活了。

### 老人的说法

当地的一位蒙古族的老校长说，据老人们讲，有一年，一头小牛犊在湖边吃草，不料被大红鱼吞食了。

他年轻时，湖里的鱼特别多，而且很大，他见过近两米的大红鱼。冬天在湖面上，打开一个冰洞，就会有鱼从洞口跳出来。

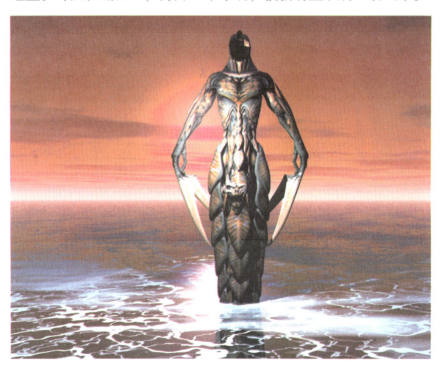

20世纪70年代的一个初冬，3个牧民赶着生产队的一群马，准备从结冰的喀纳斯湖的下游通过湖面，不料冰冻得不结实，"哗啦"一声巨响，冰塌下去，一群马都掉进了湖里。

过了几天湖水又结冰，冰下面有几匹马清晰可见。牧民们砸开冰，打捞上来几匹死马，但其余的马连尸骨都不见了。到了第二年开春，湖冰解冻，河水流淌，但掉进湖里的马，连一块骨头都没有浮出水面，在河的下游也没有被出现过。

### 游客的神奇偶遇

一名游玩喀纳斯湖的游客讲述，一天，她和朋友在喀纳斯旅游，在半山腰处看到水里有两个很亮的光点一闪一闪的。她想起以前听说喀纳斯湖有水怪的事，就叫来她的朋友一起去看个究竟。他们向湖心看，确实有东西在游，共有4条，从喀纳斯一道湾方向往二道湾方向游去，游过的水面划出两道长长的水

痕，它们的头一会露出水面，一会又沉到水里。最大的至少有7米，小一点的也有5米多。当然这名游客拿出相机拍下了照片。

### 神秘湖怪的魅力

新疆大学生物系的一位教授是最早关注喀纳斯湖水怪的专家，他认为目击者看到的水怪，有可能是一种体型巨大的鱼。据查阅资料显示，很早就有人传说在喀纳斯湖目击到水怪。

1980年，专家们曾在湖面上布置了一个上百米长的大网，可第二天早晨，大网消失得无影无踪。起初，他们首先想到的是水流作用，顺着下游方向找了两天一无所获。

当他们向上游前进时，在放网处上游2000米的地方发现了那个巨网，好不容易把网拉上来后，发现网上的网漂已经像干枣一样表面褶皱，体积有所缩小，明显是深水处极大的水压造成，说明网被拖拽到过数十米深的湖底。

同时，他们发现，网上捕获很多小鱼，而且有一个巨大的破洞。这些情况证明水中肯定有大体积且力量较大的生物。

### 专家的说法

新疆大学生物系的专家考察后推断，所谓湖怪其实是那些喜欢成群结队活动的大红鱼。它们是一种生长在深冷湖水中的"长寿鱼"，其寿命最长可达200岁以上，而且行踪诡秘，没有经验的人是很难捕捉到它的。但当地的图瓦人并不相信这种说法，在他们的传说中，湖怪能吃掉一整头牛，但湖怪到底长什么样，谁也说不清。

他们的前辈还有过两次捕捉湖怪的尝试，但都以失败而告终。所以至今图瓦人不到湖里打鱼，也不在湖边放牧。

神秘莫测的喀纳斯湖怪自20世纪80年代扬名海内外之后，就像一块巨大的磁铁深深地吸引了喜爱探秘的游客。越来越多的游客不远万里慕名来到风景如画的喀纳斯湖，希望一睹水怪的模样。至今，水怪之谜一直没有被揭开。

### 湖怪的科学考察

新疆喀纳斯湖怪考察活动于2005年7月进行。在2005年6月7日至8日，在相距不到17个小时的时间里，喀纳斯湖怪两次出现在湖面上，当时有部分游客拍下了湖怪在水面游动的画面。据目击者说，喀纳斯"湖怪"长度目测约10米左右。

为了弄清湖怪的真实面目，参加此次考察的潜水队采用先进的美国设备，可探测喀纳斯湖的水深极限。

早在2004年7月，潜水队曾在喀纳斯湖进行过潜水试验，

但下潜20米后就发现存在危险。因为湖水大都为冰雪融水，接近深海水温，人体难以承受。

新疆大学生命科学院的一位退休教授认为，喀纳斯是否有"湖怪"不值得炒作，所谓的"湖怪"就是大红鱼，而喀纳斯湖属北冰洋水系的高山湖，大红鱼有可能生长得比较大，但到底有多大谁也不能乱说。他希望大家能够关注更多更有意义的事情。

拓 展 阅 读

关于喀纳斯湖怪狗头鱼的传说：2001年夏天，一些著名摄影家到喀纳斯采风。一天，专心于艺术创作的摄影家们听到有人喊，扭头一看，湖怪正从水中探出巨大的头颅。由于事情来得太突然，并未及时拍下精彩的画面。

# 尼斯湖怪的来历

### 尼斯湖怪来自哪里

英国苏格兰人利用地理条件，开凿的喀里多尼亚运河的西南进口非常狭小，怪兽很难通行。而东北边进口的河道，有几道大水闸拦堵，河水只有两米深，从默里湾口至尼斯湖有10000米远，怪兽也不可能从这里进来。

因此有人否定在狭长的尼斯湖里，恐龙的后裔蛇颈龙能繁衍千万年。

但是，有些科学家认为，尼斯湖原来与海洋是相通的，由于大陆漂移，尼斯湖在12000年前最后一次冰河时期结束后，与海洋隔绝。进入尼斯湖的某些海洋动物包括蛇颈龙就被封闭在这里，由于环境幽静、食物丰富、缺少天敌，蛇颈龙就可能在这里幸存并繁衍至今。

### 蛇颈龙呼吸方式

尼斯湖怪既然是大型爬行类动物，那它们总得经常蹿出水面呼吸新鲜空气呀，怎么可能长期不被人发现呢？

古生物学家从一些古蛇颈龙的化石中发现，蛇颈龙小脑袋的顶骨上有一孔，他们认为这就是蛇颈龙的鼻孔，它可以露出水面呼吸，假若水怪也有这样的鼻孔，那么它们也可以露出水面呼吸而不易被人察觉。

### 蛇颈龙尸体之谜

如果确有怪兽生活在尼斯湖里，那么它们死后的葬身之地又在哪儿呢？为什么不见尸体浮上水面呢？

科学家对此也做了种种解释，有一种普遍的看法认为，尼斯湖的水温低和酸性可能阻止了尸体浮起，让尸体自然下沉了。当地居民也说，尼斯湖是以其从不抛弃死物而闻名的。但是，潜水员下湖搜寻尸体，为什么却一无所获呢？

也有人认为，尼斯湖是地质年代久远的深水湖泊，沧海桑

田乾坤转，几千年过去了，尼斯湖底蓄积了很厚的淤泥烂土，如果怪兽已预知自己的劫数，而把自己深埋于广阔湖底的一隅，我们又怎么能在湖底的表面找到怪兽的丝毫遗骸呢？动物死不见尸的例子并非没有，非洲大象就是一个突出的代表。

拓展阅读

蛇颈龙类可根据它们颈部的长短分为长颈型蛇颈龙和短颈型蛇颈龙两类。短颈型蛇颈龙又叫上龙类。上龙类适应性强，分布广泛，海洋和淡水河湖中均有它们的种族生活着，是名副其实的水中一霸。

# 阿拉斯加海湾海怪

## 海怪目击者

在加拿大和美国的边境线西部，有一个叫作温哥华的小岛，它隶属于加拿大的不列颠哥伦比亚省，省会就是位于岛上的维多利亚。

在温哥华岛以南地区，有一种非常出名的海怪出没。其实千百年来，美洲印第安人的切诺基部落中就流传着大海蛇的神话。在20世纪20年代，这种神秘动物终于有了正式的记录，当

时称其为海巫。

　　尽管至今还没有实物证据证明温哥华岛怪兽的存在，但是关于它的目击报道却数不胜数，而且目击者中不乏严谨之士和高层人员。

　　1932年8月，维多利亚省立图书馆官员凯普看见了它。第二年10月，不列颠哥伦比亚立法会议员、著名大律师兰利也见到了怪兽，甚至连在萨斯喀切温省最高皇家法院，担任30年法官的詹姆斯·斯托马斯·布朗先生也宣称，他在不足130米的距离之处看见了那只海怪。

　　海怪真正扬名天下是在1933年的10月5日，当地维多利亚《泰晤士报》以头条新闻的形式报道了一则爆炸性消息，游艇乘客在维多利亚对海发现巨型海蛇。一位当地的律师和他妻子在驾驶游艇出海周游世界的时候，碰见了一只巨型怪兽，他们心有余悸地形容这只动物是长着骆驼脑袋的大海蛇。

## 目睹海怪实物

1937年，对于海怪研究来说是最重要的一年，人们不仅拍到了它的相片，而且还找到了它的尸体。这年10月，位于夏洛特女王岛的那登港捕鲸站被一片喧嚣声所埋没，酒吧里、大街上、小巷里人们都激动地奔走相告，议论纷纷。

原来一艘刚刚回港的捕鲸船，在处理一具捕获的抹香鲸尸体时，在鲸鱼的胃里发现了一具奇特的动物遗骸，虽然遗骸已经被胃酸侵蚀了不少，但仍能够看清这只动物的模样，这是一只以前从没有过记录的怪物。

这具奇特的动物遗骸全长6米，它脑袋像马头，口鼻部向下弯曲，身体极为细长，在身体靠前1/3处长着一对大鳍，尾部是很古怪的平行鲸状尾鳍，看起来就像是一只海蛇和哺乳动物的合体。

当时的捕鲸站经理给这只怪物拍了几张照片，然后剪下一部分已经被腐蚀的组织样本送到位于纳奈莫地处温哥华岛东南

部靠近佐治亚海峡的水产管理局进行分析。

令人悲哀的是，管理局的官员把样本堆放在杂物间里，等到想起来的时候已经不知所踪了，更糟糕的是由于怪物尸体恶臭难闻，那里的居民都不愿意把它放到自己家里，于是这个宝贝竟然被露天摆放，日晒雨淋了一段时间后也莫名其妙地被处理掉，至今没人知道那具尸体到底落了个什么下场。

此后，有科学家专门研究了这种海怪的资料后认为，它可能是"卡布罗龙"。

卡布罗龙的意思是卡布罗湾的爬行动物或者蜥蜴，它被认为是在太平洋北部海域活动的一种海蛇，它有着较长的颈部，像马一样的头部，大大的眼睛，后背突起。

### 乌克兰神秘水怪

乌克兰沃伦斯克州图里斯克地区索明村的居民们曾经宣称，他们在村庄附近的湖泊中看到了一只模样狰狞的怪兽。村民们已无人再敢去湖中洗澡和捕鱼。这个湖泊面积60000平方米，最深处56米。湖底还分布着大量深不可测的喀斯特溶洞。有人认为，怪兽或许就生活在这些洞穴之中。

20世纪初就有人报告说在该地区发现了怪兽。当时，与索明村相邻的波兰卢吉夫村一名村民曾写信给国家领导人，称在附近湖泊中有蛇形怪兽存在，并不断捕食鱼类和落水牲畜。当时波兰政府还组织过一支考察队，但由于第一次世界大战的爆发，研究活动未能顺利进行下去，这件事就不了了之了。

### 亲眼目睹水怪的村民

索明村84岁高龄的村民科瓦尔秋克称，他本人就亲眼见过水怪。他描述到，该生物看起来就像是一只体形与牛相当的大蜥蜴，其头部像蛇，身上覆盖有鳞片，还长有锋利的爪子。科瓦尔秋克证实，几十年之前这只怪兽曾袭击过一名因喝醉而在湖边睡着的饲马员。

　　科学家们猜测，在索明村的湖泊中可能生活着一条史前淡水鲨鱼，它可能曾经历过冰川期的考验。

　　乌克兰国家科学院考古研究所顾问指出，研究人员曾多次在这一地区发掘出过史前鲨鱼的化石。与此同时，索明村的怪物还再次引起了波兰科学家们的兴趣。

　　或许，为了一探湖中怪物的究竟，这些科学家将重新着手已中断多年的研究，最终为人们揭开乌克兰神秘水怪的真相。

拓 展 阅 读

　　阿拉斯加湾是北太平洋的一个宽阔海湾，在美国阿拉斯加州南岸。西邻阿拉斯加半岛和科迪亚克岛，东界斯宾塞角。面积153.3万平方千米。沿岸多峡湾和小海湾，包括科克湾和威廉王子湾。容纳苏西特纳和科珀两河。

# 福州左海湖水怪

### 七嘴八舌述水怪

在我国福建省福州市在海湖中冒出不少有点像水母的不明物体，每个几十千克重，在水里是灰色的，捞上岸变成果冻状，再过几天便化成一滩水。它们体形奇特，小的如馒头、大的竟达1米之巨。

这种不知名的怪物在左海湖水中游荡出没、迅速繁殖，引发轰动，它们究竟是什么，连生物学专家也被考倒了。

家住左海附近的不少街坊都去看热闹。看热闹的人说："那东西很可怕，在水里是灰色的，捞起来就变透明了！它是圆形的，近半米长，铁灰色的外表上布满小疙瘩。仔细观察，还能见到底部长着许多小触角，随着水流在不停地摆动着，有点像水母。"

附近居民说："怪兽很沉，起码有五六十千克重。两个人费了好大的劲，才用捞网捞出水，刚捞上岸就碎成几片，上半截是几近透明的果冻状物体，下半截布满血丝。放置一段时

间，它就会变成胶水一样的东西。前一天下午捞上来的一个，现在已经变成一滩水了，里面夹杂着绿色丝状物。不远处，就有足球大小的怪兽，在湖里浮动。好像它们不会游动，只是随着水流在飘动，长得也特别快。"

## 究竟是什么

这究竟是什么东西？会长着透明的果冻身体，而且里面还有血丝？捞上来就碎？什么东西死了就剩一层皮？单这几个问题就非常违反常理，看到水怪的人都确实很震惊。

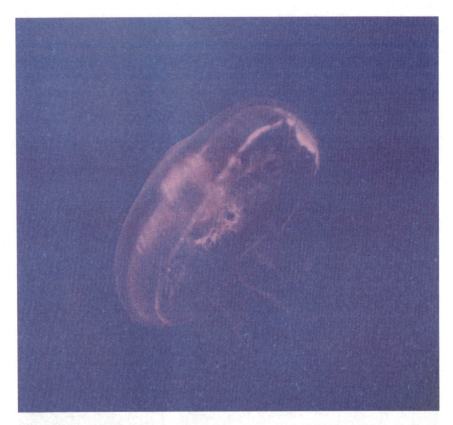

　　这种水怪有的居然重得让两个人抬起来都很费劲，水怪的腥味是那种比普通鱼塘重10多倍的味道，它有一层外皮，花花点点的，好像还很有韧性的样子，很像某种动物的皮，轻轻扒开外皮的时候，它里面的肉是粉红色的。

### 专家的调查追踪

　　鱼怪、水怪、河怪，最后的调查结果大多是我们很少见过的鱼类或其他水生动物，但这次有点不同，据去过当地的专家分析这是一种至今从未被见过的动物，不仅如此，以前的水怪被发现时大都只是一只或两只的，而这次却是一大群，而且整个左海公园的湖水里，随处可见。

那么，福州市左海湖里出现的这一群怪物到底是什么呢？消息一出，不仅轰动了全市，而且也引发了网上数万网友的争论和猜想。

### 它到底是什么呢

和人们猜测的一样，大水怪的确有几分和水母类似，但这种猜测很快被专家否定了。接着水怪是鱼卵、藻类植物的说法

也被一一推翻。

听说水怪怕热，这给专家们的寻找和取样增加了不少难度，然而当专家们坐船在湖面寻找时，竟然发现了一只巨型水怪！它足有上百千克重，直径约1.2米，让人害怕的是它似乎正在进行着分裂。

更让人惊恐的是，在左海湖东面的水族馆发现了趴在拦网上的密密麻麻的水怪家族。它们没有手脚却能趴在拦网上，它们像在休息又像在开会，场面非常惊人。专家们猜测它们也许是因水质污染所造成的，调查之后这个猜测也被否定了。

根据工作人员提供的信息，专家们又追回到钓鱼台，由于湖边有大量的茶馆，他们顺着线索继续调查，结果发现它和30年前流行的一种红茶菌非常相似。

但追查的结果是水怪也不是红茶菌，而它的来历仍然还是个谜。但是经过一系列的了解和分析，最终排除它是动物和植物的可能。

### 水怪的最终答案

水怪的最终答案是真菌、细菌、放线菌形成的微生物复合体，这一点专家们还有争议，这些微生物到底叫什么，它们是变异来的还是从外界带来的，所有这些得而知。

福建省农科院的专家警示，这里突然出现奇怪的生物体，

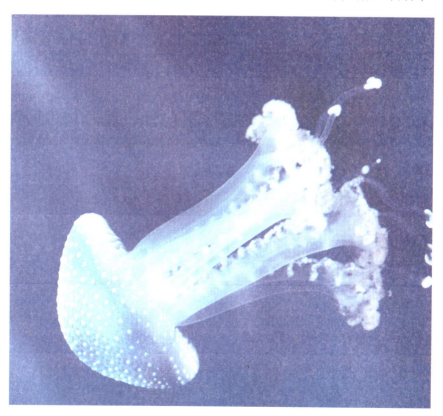

应该是这里的环境或水体出了什么问题。当对水体和水怪的样本进行研究后，结果显示专家的猜测不错，左海湖的水看似清澈实际很脏。然而，水怪究竟是什么却仍然没有结论，还需要进一步进行研究。

拓 展 阅 读

科学家研究发现，福州水怪是一种真菌的孢子囊，但是它叫什么，来自哪里，仍然是个大大的问号。科学家称，如果环境继续被影响和改变下去，我们身边的怪物会越来越多。因此，我们应该爱护环境，保护环境。

# 青海湖出现精灵水怪

### 青海湖发现水怪

1955年6月中旬，一小队解放军战士陪同一位科学家分乘两辆水陆汽车在我国青海湖考察。班长李孝安首先发现水中巨物，长10多米，宽2米，露出水面0.3米，像鲨鱼一样，呈黑黄色。

　　1960年春，渔业工人在湖中捕鱼时，看见远处卷起巨浪，浮出一片黑色的巨礁，既像鳖壳，又像鲸背，浮沉了几次，才从人们眼前消失。

　　1982年5月23日下午，青海湖农场五大队2号渔船工人再次看见水怪，不见头尾，只露背部长约13米，身上闪着鱼皮似的光。

　　水怪是不是大鱼呢？自古藏民把天上飞的鹰和水里游的鱼奉为神灵，从不伤害和捕食鱼类，那么湖里出现大鱼是可能的。可青海湖的鱼是湟鱼，也称裸鲤，是无鳞的，绝不可能长到十三四米长。当然，这水怪也不是神灵，只能是生物。这种情况引起了科学家的兴趣。

### 科学家的推断

一是水怪出现之前天气都较闷热；二是3次目击到的水怪形状均较大，颜色都是黑色类，活动特点都是露出水面一下，然后立即下沉，长度都在10多米，由此可以断定3个水怪是同类物体；三是它们出现的地点都在海星山与青海湖东岸之间。

科学家推测，青海湖水怪不太像是蛇颈龙之类的远古爬行生物，因为3次出现的水怪都是藏头藏尾的，无高大的驼峰，这些均不符合蛇颈龙的生活习性。由于青海湖畔的藏民把水中游鱼奉为神灵，从不伤害和捕吃鱼类，久而久之，致使湖内鱼类繁殖到饱和程度，数十千克重的大鱼很常见。尽管现在有了国营渔场开始捕捞，但湖内是否还遗留罕见的大鱼也未可知。

当然，说水怪可能是大鱼不足为信，因为淡水鱼长到5米

至6米长就属稀少了，不可能长到十三四米长。青海湖鱼精灵之谜目前已经引起了世界科学界的关注，我们期待能早日揭开罩在它身上的神秘面纱。

拓 展 阅 读

1898年2月15日，法国"阿法拉什号"炮舰在阿洛洛海湾遇上两条大蛇，炮舰向蛇全速冲去，在距离300米处开炮，未击中，其中钻进水中的一条蛇反而从舰尾钻出，可以想象船员当时的惊恐状况。

# 神农架长潭水怪

## 目睹怪物

1985年7月的一天中午，我国湖北省石屋头的一位村民路经神农架长潭，长潭周围是深山老林，人迹罕至。突然，水面翻动，"哗哗"直响，冒出几丈高的水柱。村民仔细一瞧，发现水中有好几个"癞头包"正在向上喷水。它们前肢端生有5趾，又长又宽，扁形，在水中呈浅红肉质色。

　　1986年8月的一个中午，猫儿观村的一位农民经过长潭，当时天气阴暗，十分闷热，他走到潭边时，见到潭中冒出阵阵青烟白雾，并很快向四面散开，在烟雾中看见几个巨大的灰乎乎的怪物，两眼发光，嘴巴像一只大簸箕，他以为遇上水鬼了，吓得急忙跑回家。

### 怀疑是古生物

　　大约7亿年前，神农架群地层才开始从一望无际的海洋中缓缓崛起为陆地。几经变换沉浮，到距今一亿多年前中生代，神农架一带才变成真正的陆地。但那时海拔不高，湖泊沼泽星罗棋布，气候温暖湿润，大型动物恐龙成群活动。

　　在距今约7000万年前，神农架地层上升，海拔变高，这一时期无数古老的大型兽类如板齿犀、利齿猪等成群结队地在河湖边出没。这点已经从近年来在神农架发掘的板齿犀化石等得到证明。由此可以推测，在气候环境得天独厚的神农架林区，很可能有某种远古大型动物，有幸躲过了第四纪冰川灾难而残存下来。

### 科学家的推断

神农架长潭位于湖北省神农架林区新华乡石屋头村和猫儿观村之间。前后至少有20人在这一深潭中看到几个巨型水生动物，其共同特征是：皮肤呈灰色，头为扁圆形，眼睛大如饭碗，前肢生有5趾。一些科学工作者认为，所谓水怪，极可能就是一种大型的娃娃鱼大鲵。

有人不同意这种看法，他们认为，人们对大鲵并不陌生，不会把大鲵当成水怪，而且目击者描绘的水怪形态和大鲵明显不同。

有的科学家推断，神农架的水怪可能是古代两栖动物蛤蟆

龙。因为人们描述的水怪形态、习性都类似蛤蟆龙，而且神农架的自然环境为古代动物的生存繁衍提供了极为有利的条件。他们指出，既然和蛤蟆龙是同一时代产物的大鲵能够幸存至今，蛤蟆龙为什么不能在神农架的幽谷潭中保留下来呢？

拓 展 阅 读

据科学家考察，大鲵是世界上现存最大的，也是最珍贵的两栖脊索动物，有尾目中最大的一种，在两栖动物中要数它体形最大，全长可达一米以上，体重最重的可超50千克，其外形有点类似蜥蜴。

# 泌阳铜山湖水怪

### 水怪频现铜山湖

在河南省泌阳县城东南30千米处，有一座铜山湖水库，1985年9月的一天傍晚，水面风平浪静。水库水产队的一名职工驾着一艘机动挂帆木船，自东向西横穿湖面，忽然发现一个庞然大物趴在被淹没了一大半湖心岛的石滩上。

船行至离怪物三四米处，只见那家伙头呈蛇状，褐绿色，

大如牛头，长着两只短角。两眼如鸭蛋大小，发着绿光。怪物嘴扁，上唇短，下唇长，呈簸箕状，露出两排牙齿。"呼哧呼哧"从核桃大的鼻孔中喷出带水的粗气。怪物皮肤粗糙，身上有铜钱般大小的灰色鳞片，有两个带爪的前肢，露出水面的躯干有三四米长。那水怪见船后，缓缓缩身入水，向东南方向游去，经过处激起半米多高的浪花，散发出一股恶腥气味。

　　1992年8月9日下午，武钢的公安干警等6人在宋家场水库钓鱼。18时30分左右，平静的水面上突然掀起巨浪，并散发出浓浓的鱼腥味。接着，水中冒出一个庞然大物的前躯，那怪物从两个鼻孔中喷出两条水柱，颈粗如水桶，两个带爪的前肢在水面划动，身躯露出水面部分有 3 米多长。怪物在水面停留数十秒钟后，没入水中消失。

原宋家场水库水产队的一名队长称，自1992年以来，水怪的出现越来越频繁。出现的时间也由过去的秋季、雨后、傍晚、闷热天气，发展至不分季节和时间。自1985年人们首次发现水怪至今，目击者已超过百人。

### 水怪掀起层层波

1986年 9 月的一天，泌阳县的一位司机从驻马店出差回家，行至离宋家场库区1000米处，突然发现从水库里升起一个大水柱直冲云天。

司机与同车的 3 人下车观看，发现水柱中有一条黑色蛇形大物。水柱一直延续了约两分钟，然后突然消失，水库平静如

初。宋家场水库管理局局长称，自水怪出现以后，水库中10多千克、几十千克重的鱼便很少见到，下网捕鱼时，渔网下面经常被咬破，破洞处能驶过一辆汽车。中国社科院等动物科研部门已着手进行研究，期待能够揭开水怪之谜。

拓展阅读

据《泌阳县志》记载，清代康熙五年（1666）7月的一天，县城西南方有一个斗大的动物从天而降，模样像一条蛟龙。从清代康熙五年至现在，已经过了300多个春秋，可水怪依然出没，这说明水怪之说绝不是空穴来风。

# 甘孜猎塔湖水怪

## 猎塔湖的传说

　　猎塔湖位于我国四川省甘孜州的九龙县。九龙县有辽阔的草原牧场，浓密的原始森林、五彩的高原湖泊、冷峻的千年雪山，是国家级风景名胜区。该县地势海拔高低差悬殊，纬度偏南，所以九龙县境内的植被十分茂密，野生动植物种类繁多。据说猎塔湖是盆灵湖，由于这里有仙人曾在此路过，并在湖里留下了一件宝贝，因此这湖里才能产生神奇的现象。

### 水怪多次出现

1999年6月中旬，一位叫洪显烈的探险爱好者带着照相机和摄像机，与县文化馆的彝族朋友上山寻找高原水怪。他们在第七天的上午拍到了水怪。在后来3年多的时间里他们前前后后上山40多次，几乎次次都能看到水怪。

《四川新闻网》曾报道甘孜州九龙猎塔湖发现水怪，美国国家地理电视台摄制组获知消息后为之震惊，中科院成都分院专家更是建议组成科考组对水怪进行彻底的科学考察。

### 水怪栖息地的奇迹

有人探访了传说中的水怪栖息地。猎塔湖展现在人们眼前，结果眼前的一切让所有人震惊了。

怪象一：冰上窟窿。因为气候寒冷，猎塔湖冰面早已冰封，但冰封的湖面上却出现多个不规则的窟窿，这些窟窿是怎

么形成的？据当地马帮人说，这些窟窿正是水怪为了在冰封的湖面上呼吸撞出来的。

怪象二：不明声音。所有上山的人都亲耳听到了冰面下不停传来"咚咚"的声音，很像生物在下面撞击，而大气现象学者在全面分析现场后得出结论：猎塔湖上确实有风吹进冰封的湖下产生的声音，但这种"咚咚"的声音绝对不是风造成的。

怪象三：牦牛脚印。学者现象勘察后认为窟窿可能是高原日照融化所至。但很快在岸边两米处左右发现大量牦牛脚印，而九龙是我国牦牛之乡，牦牛之大全国罕见，如此大的牦牛都能上去，冰面怎么可能轻易融化？

怪象四：浅滩尸骨。就在岸边冰水下面，能清晰看见牦牛尸骨，这是怎么回事？牦牛怎么会死在这里？如果是自然死亡，尸骨为什么不完整？当地牧场人员一致指认：是水怪吃了

牦牛！

所有这些发现让研究者们疑惑，他们先后做了3个实验：冰层厚度测试、鱼饵实验，以及水温测试。结果让他们再次失望，任何一种科学猜测都解释不了这奇异的现象。那么，这到底是怎么回事？

### 教授的猜测

曾亲自来猎塔湖考察的一位教授认为猎塔湖里没有怪物，他做了这样一些猜测。

猜测一：光与风。猎塔湖处于4000多米的高空，形成了特殊的高山地理环境，由于水深浅不一，水温也不一样，容易因水温差异产生对流，再加上横风的影响，特别容易产生奇异现象。

猜测二：鱼群争食。当小鱼集聚成鱼群围抢争食时，就会造成特殊的现象，这在海洋里也很常见。

猜测三：温泉。温泉是一

种地下热水源，地下水吸收了地壳的热能，并沿着地壳上的大裂缝溢出，形成温泉。温泉的水温往往明显高于普通水温，最高能够高达四五十摄氏度，而这样的水温极有可能融化猎塔湖的冰层而形成窟窿。

### 对水怪的研究

这位教授的所有猜测都没有进一步的科学依据来证实。事后中科院成都生物研究所高级实验师、两栖爬行动物研究专家吴贯夫做出了解释。他表示，从录像带上水面搅动的波纹来看，应该不是单个的鱼类，而且由于波纹有一个明显露出水面的部分，所以也不可能是一群鱼。从水怪活动的情况看，可以肯定排除是非生命的可能，是一个体形较大的生命体在其中活动。此外他分析，水怪不止一只，肯定是一个种群，可能是两栖类或者其他类动物。他建议当地科委向上级部门上报，争取组成一个科考小组进行考察。

成都市水利综合监察支队支队长张志诚看了录像资料后，

也表示，画面中的水怪肯定不是鱼类。科学家们作了大胆的假设，认为这是已经消失千年的克柔龙。但真正的谜底还在进一步地调查研究当中。

拓 展 阅 读

西藏文部湖怪兽：文部湖位于西藏申扎县，海拔4535米，呈长方形，面积为835平方千米。文部湖怪兽早在20世纪50年代就有过传闻，其特征是头小，眼大，脖子细长，身子像一头牛，皮肤呈灰黑色。

# 英国大猫目击事件

## 英国成立大猫会

在英国，从苏格兰到英格兰的荒郊和乡村，经常有一种英国本土没有出现过的大型猫科动物在游荡着，这就是传说中的

英国大猫。人们基本上已经肯定的是确有一种大型猫科动物出现在两岛上，因为目击大猫的人实在太多了。2002年有千宗目击事件发生，2003年更是数不胜数，其中大部分都发生在苏格兰。

有关证据也在不断地积累，1988年，还有一个目击者拍摄到大猫出没在荒野的照片。为此，英国民间还成立了"英国大猫会"，监察和收集目击资料，宗旨把它们找出来并保住它们。

### 动物专家的结论

2003年1月的一天，英国威尔上警察局连续接到几个报警电话，说一头黑色的、狮子一般的怪兽袭击村庄，造成了多只动物受伤。

62岁的迈克·谢博德是受害者之一，他描述了当时的情景："我发现狗不见了，于是出门去找，在院子中发现小狗躺在地上，喉咙被咬破了。一头长得很像猫的黑色怪兽正站在一旁，嘴上滴着血，在旁边有一头怪兽，不过看起来小得多了。怪兽也看见了我，冲着我吼叫，我赶紧跑回屋里。"

谢博德还形容说："我不知道它是不是猫，看上去很像，但是它要大得多。它的毛是黑色的，油光锃亮。"

警察赶来后，在村庄中四处搜寻，其中一名警察看到了那头怪兽，虽开枪但没打中，怪兽逃到山里去了。据这名警察估

计，这头怪兽从头到尾巴的长度在2.7米至3米之间。

至于那不时出现在英国郊区的大型猫科野兽，当年8月被康沃尔居民拍得徘徊田野的照片。当地动物专家验证照片后，对英国广播公司表示，尽管无法鉴定大猫身份，但肯定是只不属于该地域的野兽。

### 英国大猫的可能来源

20世纪六七十年代，英国有钱的人家流行圈养来自非洲的大型猫科动物当宠物。

1976年，英国政府通过了危险野兽法，提出了新政策，勒令饲养野兽宠物的人家，要么付巨款领照牌，要么把野兽宠物放到动物园，或者人道毁灭。

当时不少宠物的主人索性就把这些宠物放到野外，几十年来，这些动物在树林中繁殖生息，和英国本地的动物杂交，生出了原本没见过的奇怪品种。于是，有专家认为大猫大概就是这么来的。

伦敦动物园的专家曾经研究过据说是大猫留下的脚印，结论是这种脚印绝对不是英国本土已知的任何动物留下的，也不是动物园里的猎豹、美洲狮、美洲虎等留下的。

英国政府曾经动用皇家海军陆战队和警察队伍来抓这种怪

兽，但均无功而返。踪迹如此隐蔽，长相如此怪异，英国的大猫到底是一种什么样的动物？它有怎样复杂的血缘来源？这些问题的答案有待人们进一步发现和研究。

### 拓展阅读

科学家通过长期的整理研究发现，大猫跟其他隐秘动物不同的地方是，人们在其出没地方发现不少被咬死的动物尸体，包括豹、猞猁、山猫和一种非洲猞猁狞猫。这说明一个问题，那就是大猫是一种极其凶猛的动物。

# 缅甸的吸血鬼鱼

### 吸血鬼鱼的发现

2009年动物学家们在缅甸的小溪中发现一种小鱼，与其他鱼类不同的是，它有着像吸血鬼一样的牙齿。它是一种半透明的小鱼，它只有0.017米长，属于鲤科，这一科的鱼大多都是淡水

鱼，如鲤鱼。这条"吸血鬼鱼"被正式宣布为一个新的物种。

伦敦自然科学博物馆的动物学家拉尔夫·布里茨博士为这一发现感到高兴，他说："这条鱼是近10多年来发现的最令人惊奇的脊椎动物。"他说，"吸血鬼鱼的牙齿是最令人兴奋的地方，因为鲤科的其他3700多个成员都没有牙齿，它们的牙齿早在5000万年前就消失了。"

### 专家描述

英国伦敦国家历史博物馆鱼类研究专家阿尔夫·布瑞特兹说："这项发现之所以非常令人惊异的原因是鲤形目鱼类在

5000万年前就已进化消失了牙齿结构。"

为什么这种小鱼在进化历程中仍保留着牙齿结构呢？

科学家经过进一步分析得出结论，这种吸血鬼牙齿般的结构并不是牙齿，而是一种骨骼，或者更准确地说是颚骨的副产物，这些骨骼会刺破皮肤生长形成弯曲的尖状结构。

它的下颚可以张开较大的角度，与身体主躯干呈45度至60度。通过与斑马鱼以及鲤形目鱼类的DNA进行对比，布瑞特兹评估出这种骨骼突出结构是在3000万年前，鲤形目鱼进化失去

牙齿后逐渐形成的。吸血鬼鱼并不将这种奇特的牙齿用于捕食，在身体结构上雄性鱼还长着较大的腹鳍和顺向肛门，生殖器官位于鱼鳍之间。

## 拓展阅读

最近人们在澳大利亚塔斯马尼亚岛附近水域发现了一种红色"长手鱼"。据悉，由于长手鱼数量极少，很少出现在野外海域，同其他鱼类物种相比，长手鱼产卵数量更低，它们的生存问题也面临考验。

# 新泽西州的魔怪

### 新泽西州魔怪

新泽西州的泽西魔怪出没在该州派恩巴仑斯地区一带，它像只巨型蝙蝠，狗头马脸，20世纪初以来一直袭击家畜。

1909年，一对居于该区的夫妇，目击了这个怪物。他们说它是只1.2米高的魔蝠，长颈，狗头，马脸，翼长两尺，后腿带了个马蹄，用双脚走路，带爪的双手缩在身躯两侧，会吠，双翼有飞行能力。

### 新泽西恶魔的传说

新泽西恶魔是传说中的两足有蹄类飞行生物，身长1米至1.8米，全身覆盖黑毛，头部似马，深红色的眼睛，蝙蝠般的翅膀。据传新泽西恶魔出没于新泽西州南部的一个地方。

关于新泽西恶魔的传说的一个版本是：18世纪中期，李兹太太产下了第十三个孩子。她对于一再的怀孕感到非常地不悦，于是放声大喊："我已厌倦小孩子了，就让魔鬼带走他吧！"这个人类婴儿随即变成了有翼的怪物，吃掉了其他小孩后从烟囱飞了出去。

在另一版本中，新泽西恶魔仅是被李兹太太监禁在阁楼或是地窖，随后逃入森林中的小孩。还有传说将新泽西恶魔的诞生归诸一个拒绝供给吉普赛人食宿的自私女人，她受到了吉普赛人的诅咒。更有传说提到李兹太太本人是个女巫，或是她和英国士兵发生暧昧关系而被当地居民诅咒产下了新泽西恶魔。

一般认为新泽西恶魔的诞生地是一个木屋里，那间木屋的原址尚在，但只剩下基座的废墟以及其他残存的部分。据说新泽西恶魔的同伙有无头海盗、鬼般的女人，以及人鱼。

在南新泽西的某些地方有传言指出新泽西恶魔居住在一间除叶剂厂里该厂位于一个被沙与森林包围的小镇附近。

另一个被当地居民广为流传的传说是：有一个女人第一次怀胎，她希望这个小孩是完美的。

而当他出生后，居然是在当时任何人所见过中最丑陋的婴儿。母亲非常生气地说："他不是我的儿子，而是恶魔的儿子，愿上帝将他归还给恶魔！"语毕，便将她的儿子掷入河中，当场溺毙。

传说那条河现在被恶魔占据着，且据说河床里的一块石头底下有不明物体会吸取空

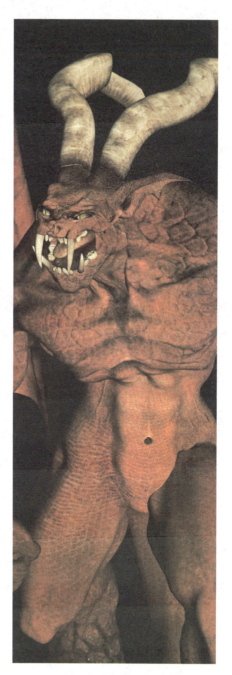

气，当人们游经此地时会被吸入石头底下，至死亡之前都不能离开。当死了以后，尸体才能离开并浮在水面上被其他人所见。

### 现实当的中新泽西恶魔

然而关于新泽西恶魔的记述最早可追溯至美国印第安人时代。1840年，新泽西恶魔被认为是牲畜屠杀事件的凶手。1841年出现了类似的攻击事件以及怪物的足迹和其尖叫声。1859年新泽西恶魔出现在哈登菲尔德。1873年冬天布里奇顿发生目击新泽西恶魔事件，从而引起人们恐慌。

据说约瑟夫·波拿巴在新泽西包登敦自家庄园中打猎时曾目击了新泽西恶魔。据称美国海军军官史蒂芬·第开特在新泽西的射击场测试军武时曾向新泽西恶魔射击，但它仍毫发无伤地继续飞行，把他和在场的士兵们都吓坏了。

直至今天，有许多的网站和杂志都纪录了新泽西恶魔的目击报告。

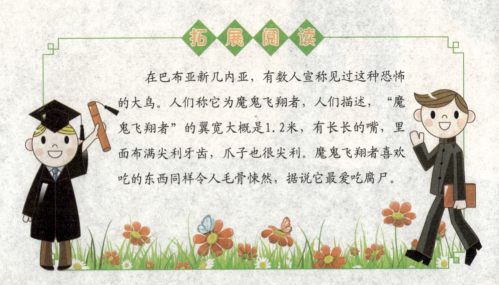

**拓展阅读**

在巴布亚新几内亚，有数人宣称见过这种恐怖的大鸟。人们称它为魔鬼飞翔者，人们描述，"魔鬼飞翔者"的翼宽大概是1.2米，有长长的嘴，里面布满尖利牙齿，爪子也很尖利。魔鬼飞翔者喜欢吃的东西同样令人毛骨悚然，据说它最爱吃腐尸。

# 似猿的巨型大脚怪

## 大脚怪是什么样的

大脚怪，又叫"沙斯夸支"，是在美国和加拿大发现但未被证实的一种似猿的巨型怪兽。在北美的印第安人中，早就流传着这种神秘怪兽的传说。但确凿的足迹最早是在1811年发现的。当时探险家大卫·汤普逊从加拿大的杰斯普镇横洛矶山脉前往美国的哥伦比亚河河口，途中看到一串人形的巨大脚印，

每个长0.3米，宽0.18米。由于汤普逊没有见到这种动物，只看到大得令人吃惊的脚印，他报道了这一消息后，人们就用大脚怪来称呼这种怪兽。

从此以后，关于发现大脚怪或其脚印的消息络绎不绝，至少有750人自称他们见到了大脚怪，还有更多的人见到了巨大的脚印。虽然不少科学家认为大脚怪是虚妄之谈，但有些报道不能不引起人们的注意。

有专家认为，大脚怪可能都是误传。到目前为止，各种大脚怪虽然传闻很盛，但总是只闻其名，未见其物。因此，有人提出疑问：大脚怪数量如此少，怎么能够保证它们有足够的种群来保证它们的繁殖与延续呢？

### 目击者的描述

前美国总统老罗斯福不是一个轻信他人的人，但他在1893年出版的《荒野猎人》一书中，曾记载了一名猎人亲口向他讲述的与大脚怪遭遇的可怕故事。那件事给老罗斯福留下非常深刻的印象。猎人名叫鲍曼，事后多年，他谈起这段经历时仍不住地哆嗦。

鲍曼回忆，他年轻时和一个同伴到美国西北部太平洋沿岸的山地捉水獭，就在林中宿营。

半夜里，鲍曼他们被一些叫声吵醒，嗅到一股强烈的恶臭味，他在黑暗中看到帐篷口有一个巨大的人形身影。他朝那个身影开了一枪，大概没打中，那影子很快冲入林中去了。

由于害怕，鲍曼和他的同伴决定第二天就离开，当

天中午，鲍曼去取捉水獭的夹子，同伴则收拾营地。夹子捉了3只水獭，鲍曼到黄昏的时候才清理完毕，但他回营地时同伴已经死了，脖子被扭断，有4个巨大的牙印，营地周围还有不少巨大的脚印，一看就知道是那只怪兽干的。由于恐惧，鲍曼什么都顾不上收拾，连忙骑上马，一口气奔出森林。

1924年，伐木工人奥斯特曼到加拿大温哥华岛对面的吐巴湾去寻找一个被人遗弃了的金矿。

一天夜里，他和衣在睡袋里睡觉的时候，觉得自己被抱了起来。天亮后，他从睡袋里钻出来，发现自己是在一个山谷中，周围是6个身材高大的毛人。

　　这些毛人不会说话，成年的身高有两米多，体重大约五六百千克，它们前臂比人长，力气大得惊人。毛人们没有伤害他，整整过了6天，奥斯特曼才找到机会逃出来。奥斯特曼许多年后才肯讲自己的经历，他怕别人不相信，但据专家们分析，他讲的许多细节确实不像虚构的。

　　1967年10月，美国人帕特森终于用摄影机拍下了距他20多米的大脚怪镜头。那天帕特森和同伴骑马经过加利福尼亚北部的一处山谷，刚拐了一个弯，竟然发现一只黑色的人形巨兽蹲在河边，马惊得狂叫一声，后蹄直立了起来，把帕特森摔在地上。

　　帕特森连忙取出摄影机，这时大脚怪正慢慢向森林走去，边走边回头看了一眼。在它没走入丛林之前，帕特森及时地

拍下了一段难得的珍贵镜头。从影片上显示该动物身高约两米多，肩宽近一米，黑色，用两足屈膝行走，有一对下垂的乳房，体态和行走的姿势也显得比大猩猩更像人类。

另一个美国人伊凡·马克斯是个擅长风景摄影的猎人。20世纪70年代，他曾几次拍到大脚怪的照片。1977年4月，他在加州的夏斯塔那附近拍到了许多大脚怪的珍贵镜头。根据马克斯多次拍摄到的照片、影片，美国一家电影公司制作了一部名为《大脚怪》的电影，电影映出后引起了强烈反响。

### 科学家推测

许多科学家认为，大脚怪可能是古代巨猿的后代。巨猿化石是1935年发现的。当时荷兰古生物学家柯尼斯瓦尔德在香港

中药店里发现了一些巨大的猿类牙齿。20世纪50年代，在中国南部、印度和巴基斯坦又发现了更多的这类巨兽化石。

人们推测，巨猿是生活在800万年至50万年前的一种巨型类人猿，它活着的时候身高大约2.5米至3米，体重约300千克。有些动物学家认为，巨猿并没有完全灭绝，北美的大脚怪可能就是巨猿的某种同类或变种。

但由于人们至今尚未捕获大脚怪的实体，因此许多人对大脚怪是否存在仍是半信半疑。对此，国际野生动植物保护协会创始人兼美国俄勒冈州大脚怪研究中心主任柏恩指出，发现有大脚怪的地区达数十万平方千米，大多是深山密林，人迹罕至，有些地区人类更是难以到达。柏恩说，这就像过着石器时

代生活的塔沙特人就生活在菲律宾丛林里，直至1971年才被发现，所以至今没能捕获大脚怪也不足为奇。

## 拓 展 阅 读

最近100年间，过去许多被怀疑的动物陆续得到发现与证实，如大猩猩、大王乌贼、鸭嘴兽等。很多人不相信有这些动物存在，但事实证明这些动物确实存在。但是，人们能否证实大脚怪的存在呢？这就要看动物学家们的努力了。

# 神秘怪兽天蛾人

### 不明的奇异生物

　　天蛾人是一种不明的奇异生物，在1966年11月至1967年12月间在查尔斯顿和西弗吉尼亚的欢乐镇被发现。

　　这个生物在这段时间之后的报道和出现的频率就很少了，

最近的一次是在2007年。除了美国外，在其他世界各地也有不少天蛾人的目击事件发生，就连在1926年中国也发生过目击天蛾人的事件。

### 天蛾人的外形

天蛾人在1926年被一个年轻的男孩首次发现。与此同时，3个男人在墓地周围挖墓的时候也看到一个棕色的、人形的、有翅膀的生物从旁边的树林里飞过。虽然有不少人看到过天蛾人，但是却没有任何照片。

1966年至1967年间总共有至少100人亲眼目击天蛾人这种来历不明的奇异生物。据目击者的报告，天蛾人大约有1.5米至2.1米高，它非常宽大，有一对类似人的脚，一双巨大明亮的眼睛位于额头上，头连接着肩部巨大像蝙蝠的翅膀，毛皮是暗的灰色或褐色，天蛾人飞行时会发出"嗡嗡嗡"的叫声！

### 天蛾人的发现简史

在1926年的东南山脉附近，发生了严重的自然灾难。东南山脉上建有一个水坝，在1926年的1月19日午后，突然决堤塌方，洪水狂泄而出，原本宁静的农庄一下子成了水乡泽国、海底世界。

当整个城镇就这样被急流猛窜的水患淹没时，死亡人数也在不断增加，除此之外，许多房舍也像是在被奇怪的东西搬动，随着水流而下，一瞬间离原村庄已有几千米之远。

对于那些幸运的生还者口中得知，在水坝坍

塌前，有人看到了有着黑色形体，像人又像龙的东西出现在水坝坍方的附近。人们都在怀疑是天蛾人作怪。

1966年11月14日晚上22时30分，一名当地的建筑承包商人，他住在塞林欢乐镇，当时他正在屋内看电视，突然电视屏幕变得漆黑，随即屏幕布满了很多不明的图案，之后他听到一声巨大的声音，这是一声哀鸣的声音，他形容这声音像发电机声响。

之后商人的狗就在门廊间叫着，于是商人决定出外看一看，他看见狗面向着屋对面的仓库叫着，商人开着手提灯走上前，他看见两个圆形的物体在那里，看来像一双巨大的眼睛或者是单车反射灯似的。到了第二天，商人的狗奇怪地失踪了。

两日之后，商人在报纸上看见一段新闻，一个人看到一只奇异的鸟从炸药工厂走进了欢乐镇的边境，在道路旁发现一只大狗躺卧着，但在几分钟后那只狗就离去了，商人立即想到那只狗就是他自己的狗！为何狗要玩失踪呢？

1966年11月15日接近傍晚时分，两名青年来到一处邻近欢乐镇的地方，他们在这里看见了一只有一双巨大眼睛的生物，看起来这头生物的外形很像人类的身形，但它非常巨大，有2米至2.3米高，而且它折叠着一双巨大的翅膀，当那只生物正

想移动的时候，他们便慌张地迅速离去。

片刻之后，他们俩人在山坡附近的马路上再次发现同样的生物，那只生物展开它巨大的翅膀飞在天上一直跟着他们的车子，当时他们的车子正以超过每小时50千米的速度行驶着，那头生物一直跟着他们的车子直至欢乐镇的边境。他们以把此事件报告给当地的治安官，才知道当晚除了他们之外，还有多个人指出他们目击到了类似的生物，只是在不同的时间段上。

### 天蛾人隐藏的危害

　　天蛾人除了吓人之外似乎很少有做过什么坏事的传说。但是有人报告过蛾人引起一件灾害。1967年西弗吉尼亚州的欢乐镇的一座大桥发生断裂，造成46人死亡，有传说这次事件是天蛾人造成的。约翰·基尔并以这个天蛾人传说为主题写了小说《蛾人的预言》。

　　1966年见过天蛾人的人，或是自杀身亡，或是精神异常，而且他们大都活不过半年，因为看过天蛾人而丧生者，多达

100多人。40多年以来，这次事件被美国国家安全局视为机密档案，几乎无人知道那段时间内科技领导全球的美国到底发生了什么事情，那天夜晚发生的事成为了20世纪最大的一个谜。

拓 展 阅 读

1966年11月12日，在美国西弗吉尼亚州邻近的公墓中，5名男人正在工作，忽然一个褐色的人形物体从他们的头上飞过。5名男人感到很困惑，因为所出现的并非一只鸟，而是一个外形似人，但有一双翅膀的不明生物。

# 奇怪的缅甸雷兽

## 雷兽叼走家禽

　　高黎贡山海拔在4000米以上，沿着中缅边境由北向南延伸。在这一带有一个叫青河的小村，位于一个四季如春的山谷里，全村大约有400多人，村里住着一名姓伍的村民。1965年3月的一天，他辛辛苦苦养的3头肥猪一夜之间不见了。他逢人

便说，我那3头肥猪一定是被雷兽给叼走了。

雷兽到底是一种什么动物呢？据村民们描述，它全身发着金光，好像是有人把金片贴上去似的，样子像马，不过四肢要比马短了很多，额头上有一只独角，叫起来就跟猫头鹰一样，嘴角上还长了两颗獠牙。

### 雷兽袭击人类

姓伍的村民有个儿子，名叫伍宗诚，在村里负责保安工作。到了晚上，为了保证村里的安全，伍宗诚带着几个人在村里巡逻。青河村虽然只有400多人，但住得很分散，巡逻一圈，也得到大半夜。这天晚上乌云密布，连一颗星星也见不到，他们走在伸手不见五指的村子里，心里也不免有些害怕。到了后半夜，大家都有些精疲力竭了。这时，突然小道上金光一闪，把他们吓了一大跳。那个金光闪闪的东西径直朝他们冲了过来。人们不知道那到底是个什么东西，但从奔跑的声音来判断，类似于牛或马之类的猛兽。

伍宗诚大喊一声"快躲开"，话音刚落，那个怪物已冲到眼前，有个来不及躲开的小伙子一下子被撞倒了，肚子被那怪物的獠牙豁开了，肠子流了一地。那雷兽一看捕到了猎物，低下头来准备美餐一顿时，伍宗诚和另外的伙伴们不约而同地开了枪。怪物身中数弹，嚎叫一声，倒在了地上。人们赶紧把受伤的伙伴送到医院，可惜已经晚了。天亮以后，人们都来看这

个怪物，大家不约而同地说："这就是雷兽！"事后，伍宗诚把雷兽的皮剥了下来，卖给了皮货商，把所得的钱送给了死去的那位伙伴的妻子。后来曾有调查队来该村进行调查，他们最后得出结论，雷兽可能是一种毛色变异的犀牛或者野猪。

## 拓展阅读

所有犀类基本上是腿短、体粗壮。身体笨拙，皮厚粗糙，并于肩腰等处成褶皱排列。犀牛主要分布于非洲和东南亚，是最大的奇蹄目动物，也是体型之大仅次于大象的陆地动物。

# 神秘的密苏里怪兽

## 密苏里怪兽

20世纪70年代初期的美国报纸版面上，一个被叫作模模的像猿人一样的怪兽故事频频出现。这个动物是在路易斯安纳州

的一个名叫密苏里的小城附近被发现的。

1971年7月，两个在密苏里城外的林地里露营的妇女报告说看到了一个半猿半人的东西，身上散发出令人作呕的气味。它从一片树林中走出来，一边向她们走来，一边发出某种"嘎嘎"的声音。她们赶快逃跑，把自己反锁在车子里。这只动物吃完了一个被俩人留在外面的花生酱三明治后，又返回了树林。

那两名妇女向密苏里警察局报告了此事，但当时并未将之公布于众，直至一年后，才与许多其他的类似报告一起被披露出来，这是模模首次正式露面。模模在制造了一系列的事件后，赢得了"密苏里怪兽"的美称。

### 怪兽开始袭击村庄

在1972年7月11日密苏里怪兽露面了。那天下午，3个小孩看到一只"1.8米至2.1米高，全身披满黑毛"的动物站在一棵树附近。它的身上溅有血点，这可能来自于它腋下夹着的那条死狗。同一天，一个农夫则发现他的一条狗不见了，而一个邻居曾听到过一种奇怪的吼声。

3天后的一个晚上，这些孩子的父亲埃德加·哈里森，正与几个朋友在家门外闲聊。突然间，他们看到一个火球从附近

　　的一座小山背后飞了过来，落在街对面一所废弃的校舍后面。5分钟后，第二个火球也飞了过来。不一会儿，他们听到山顶上传来响亮的吼声，但看不见到底是什么东西发出的这种响声。

　　警察闻讯后前往调查也一无所获。一两个小时后，哈里森与同伴们摸黑在山顶四周检视，他们经过了一所老房子。房子里充满着强烈的难闻气味，这种气味正是模模所特有的。

　　后来，路易斯安纳州的其他一些目击者也报告说看到了小的发光物体，并闻到了类似的气味。

### 目击者的所见所闻

这一系列目击案持续了两个多星期，这期间其他人也报告说曾见到过同时具有猿与人的一些特征的长有毛发的两足动物。一些人甚至说曾听到空气中振动着声音。一个声音说："你们这些男孩不得进入这片树木。"而另一个声音则要一杯咖啡！

曾发现过几次怀疑是这种动物留下的脚印，其中只有一次进行了科学认证，结果却被判定为俄克拉荷马城公园园长劳伦斯·柯蒂斯的恶作剧。

有许多路易斯安纳州的居民报告说他们在空中发现过火球

或其他一些不寻常的物体。最富离奇色彩的是，这其中有一个报告说一个带有发光窗户的UFO曾在一个山顶上停留长达5个小时，把路面照得亮如白昼。

拓 展 阅 读

1997年的一天，南非一个小村落像炸开了锅，当时村民说村子里突然闯进一个怪物，怪物会袭击人类，更可怕的是，它只吃受害者的脑浆。当时村民统计说有9个人被怪物杀死，路透社也作有相关的报道，但是一直没有人捕捉到它的镜头。

# 澳洲昆士兰巨蜥

### 史上最大古巨蜥

1968年10月12日,澳洲昆士兰有人目击12米长的蜥蜴。古巨蜥是文献记载中最大型的蜥蜴。

　　1977年，澳洲汤斯维尔露营客宣称被庞大爬虫类吓倒。由几位少年所发现的足迹与9米长的爬虫类一致，体型远比科莫多龙还要大。古老的原住民传说中提到，有一只来自高山的肉食性巨蜥曾造成村民恐慌。他们所指的很可能就是史上最大型的蜥蜴——古巨蜥。

　　一些隐匿生物学家相信古巨蜥仍然生活于澳洲雨林之中。虽然科学家推测古巨蜥已经绝种，但若被重新发现也不奇怪。根据报道，昆士兰一名农夫在农场中所找到的骨头确定为古巨蜥的骨骸。古生物学家估计那些骨骸只有300年历史。

这个发现或许能证明多年来古巨蜥在昆士兰的目击事件是确实存在的。原住民大约在4800年前抵达澳洲，而古巨蜥及该区的其他大型动物却约在同一时间突然消失。

在2008年9月，属于一名失踪登山者的摄影机、手表和凉鞋，在北昆士兰的河岸被人寻获。人们在附近发现了不明动物的足迹。难道古巨蜥真的存在于我们的世界吗？

### 澳洲巨蜥致命感染夺人性命

2007年，热爱户外运动的蒂姆艾克林，前往拍摄终极求生的

第一集，节目内容是将人带到偏远的地方，让他们在野外各种艰苦的环境中生存7天，没有食物，没有工作人员与外界联系。

　　尽管蒂姆艾克林懂得户外生存技巧，但他在澳洲雨林将遇到的挑战，仍然是他始料不及的，他不久便失踪于此。蒂姆艾克林的尸体一直没有被找到，但土著居民在村庄外不到400米的地方发现了他的摄像设备，人们对设备上的唾液进行了DNA检测，发现唾液不属于任何已知的爬行动物，这让我们只能继续思考这世界上是否真的有怪兽存在。

　　从视频上看出，蒂姆艾克林一开始是觉得可以的，直至后来一天傍晚时分，蒂姆艾克林在尝试给我们展示如何找食物的时候，被袭击了，接着，他尝试去弄营火，但没有成功。

　　随后第二天，他被咬的地方出现了败血病的症状，蒂姆艾克林尝试着去寻找附近的村庄，他感觉到有东西在后面跟着他。而且那个在后面跟着他的东西，一直尝试靠近他，直至最后，他终于力竭，放弃希望了。

在他说完临终话的时候，那怪物再次袭击了他，蒂姆艾克林尝试逃跑，但显然怪物在后面一直追他，镜头中只看到他无能为力地挣扎。那画面非常地震动人心，最终他还是没能逃过魔掌。

拓 展 阅 读

科莫多龙体长可达3米，重达约135千克，寿命约100年，能挖9米深的洞，生卵其中，至4月份孵出。幼体在树上生活几个月。成体吃同类的幼体，有时吃其他的成体。但主要以腐肉为食。

# 澳大利亚尤韦怪

### 人对尤韦的恐惧

在澳大利亚近代，"尤韦"一词经常用来指那些大型、多毛、像人一样的动物。

尤韦的目击案报告几乎全部集中在中、南部海岸、新南威尔士，以及昆士兰黄金海岸地区。当地土著人对尤韦十分恐惧。

### 怀疑尤韦是猴子

1842年《澳大利亚与新西兰月刊》杂志上的一篇文章怀疑这种动物可能只是人们想象中的，文章认为，由于这种动物的"稀有、狡猾与孤僻，人们从来未能成功地捕获到过一个标本"。文章结论是尤韦很可能是一种猴子。当然也有一些澳大利亚自然学家相信尤韦是真正的动物。

### 有关尤韦的传说

20世纪以来，有关尤韦的传说一直未断。

约翰·盖尔在1903年出版的《高山远足记》一书中写道，19世纪与20世纪之交的一天，约瑟夫·韦伯与威廉·韦布在新南威尔士的一座山中野营，看到了一只样子吓人的像猿似的动物，他们向它射击，但并没有发现血迹或其他证据证明击中了它。

1903年8月7日的《奎团拜因观察家报》刊登了一封来信，作者声称曾看到过土著人杀死过一只尤韦。

### 发现尤韦的足迹

1971年澳大利亚皇家空军测量队乘直升机在不可攀登的森

蒂纳尔山的山顶着陆，令人吃惊的是，队员们竟然在泥地中发现了巨大的像人类一样的脚印。

1976年4月13日，在新南威尔士卡通巴附近的格罗斯山谷，5名搬运工遇到了一只气味难闻、身高1.5米的尤韦，从其隆起的胸部看，属于雌性。

1978年3月5日，一个正在黄金海岸斯普林布鲁克附近伐木的工人报告，他听到了一种类似于猪那样的"呼噜"声，于是走进树林中寻找，看到了"一个长有黑色毛发的足有3.6米高的类似人的东西。看起来很像一只大猩猩，有一双巨手，其中一只手绕在一棵小树上。脸部黑平发亮，有一对黄色的眼睛，一张像洞一样的嘴。它就那样盯着我，我也盯着它。我几乎麻木了，连手中的斧子都举不起来了。"

### 成立尤韦研究所

20世纪70年代，雷克斯·吉尔罗伊成立了尤韦研究中心，据他说，该中心已收集到3000多份关于尤韦的报告。

当然，所有这些报告却始终打动不了大多数澳大利亚科学

家的正统思想，因为科学毕竟需要的是实实在在的证据。就连曾经大量撰文论述这一神秘动物的格雷厄姆·乔伊纳也认为，所谓的尤韦不过是一种现代的虚构小说。

拓 展 阅 读

可怕的狼人是人类与野兽的混合体。据说，1764年一只类似狼的奇怪生物杀死了法国乡村数十个村民。古代人相信，一些人在满月或者特定的日子拥有变身为动物的能力。

# 墨西哥昂扎怪兽

### 昂扎到底是什么

在墨西哥西北部，对于阿兹特克人来说，昂扎是一种独立的大型猫科动物，与同时存在于当地的美洲狮及美洲豹是三种截然不同的动物。由于它长得有些像生活于南亚及非洲的猎豹，所以它们就被称之为"昂扎"。

除了在墨西哥西北部，其他地区对昂扎却几乎闻所未闻。由于很少被报纸杂志提起，加上这里地形崎岖不平，一些地方

甚至无法骑马。因此，从来没有任何一个科学家试图进入该地区以解开昂扎之谜。

## 昂扎奇遇无人问津

20世纪30年代，戴尔·李与克莱尔·李兄弟，第一次听说昂扎这种动物后，就带领印第安纳州银行家约瑟夫·舍克在拉斯拉山区捕猎美洲豹，但是他们竟意外地杀死了一头昂扎，经测量和拍照后，舍克拿走了皮毛和头骨，但这些东西现已下落不明。

确信自己发现了某种十分重要动物的李氏兄弟向美国动物学家介绍了昂扎。但无论是科学家还是新闻业者，对他们的故事都报以大声嘲笑，这使得他们非常吃惊。他们感到自己的诚信受到了污辱，心中十分难过，从此再也不愿提起这段经历了。

直至20世纪50年代，美国亚利桑那州的一个名叫罗伯特·马歇尔的男人成为戴尔·李的好友，并详细记录下他的故事。马歇尔为此还专门前往墨西哥进行进一步的调查。

1961年，他把自己的这一次旅行写成一部书《昂扎》。结果除了一份科学杂志上刊登了一篇内容简单的报道文章外，这部著作并没有引起世人的关注意。

## 成立隐秘动物学会

1982年，在美国华盛顿特区史密斯索尼安研究所的一次会议上，"国际隐秘动物学会"宣告成立。从此，有志于对未知或值得怀疑的动物进行研究的生物学家们第一次有了一个以便于研究开展的正式组织。

国际隐秘动物学会的秘书、生态学家理查德·格林韦尔居住在亚利桑那州的图克森。当听说戴尔·李与罗伯特·马歇尔也住在那里时，他对昂扎的兴趣陡然上升了。

## 科学家研究昂扎

格林韦尔与马歇尔曾试图找到20世纪30年代交给舍克的那

具头骨，但没有成功。他们决定与另外两个同样对昂扎之谜充满兴趣的哺乳动物学家联手合作，他俩是新墨西哥州大学的特洛伊·贝斯特和亚利桑那州大学的伦德尔·科克拉姆。

通过科克拉姆，他们结识了墨西哥的一个牧场主，他有一具保存完好的"昂扎"头骨，这只昂扎是被另一个牧场主杰苏斯·维加捕杀的。同时，贝斯特作为美洲狮专家在费城自然科学院中发现了另一具昂扎头骨。

1986年4月2日晚上22时30分，两名捕鹿者在墨西哥的希纳洛阿射杀了一头昂扎。在当地一户富裕人家的帮助下，这头动物的尸体被保存在马扎特兰一家大型渔业公司的一个冷冻箱中，他们并把此事通知了格林韦尔。格林韦尔与贝斯特赶到了，他们在城中的一个政府实验室中对这只动物进行了拍照与解剖。

格林韦尔写道："检查发现，这只雌性大型猫科动物，与当地人对昂扎的描述完全符合。它有一个曲线优美的身体，长而细的腿，以及一条长尾巴。耳朵也比美洲狮的要长。前腿内侧发现了细横条纹，就目前所知，这是美洲狮所没有的。"

格林韦尔补充说："这只动物似乎有4岁大，体重比一只成年雌性美洲豹要轻。除了那条不同寻常的长尾巴，其总身长倒与一头雌性美洲豹差不多。"

后来，得克萨斯州理工大学拿这些标本与美洲狮的进行对比。结果显示两者有许多共同之处，并无重大差异。当然，只经过这样一个简单的对比，是不能得出最后结论的，因为不同物种的动物在遗传学上经常非常相近。

### 人们对昂扎丧失兴趣

美国科学家取走了这只动物的组织与器官标本以进行进一步研究。但在随后的几年中，格林韦尔忙于其他项目不得脱身，对这件事的关注也就少了。

　　昂扎并不像发现野人那样普遍引起注目，科学界对于昂扎不约而同的漠视令人困惑。据传，1986年墨西哥的一些牧场主在索纳拉北部捕获了一头昂扎，通知官方派人来看看，结果却无人过问此事，这些人只好把它杀了并就地肢解。

拓 展 阅 读

　　美洲狮是最大的猫亚科动物，体长1.24米至1.38米，尾长约0.71米至0.79米，肩高0.7米至0.782米，体重44千克至71千克。美洲狮的体色从灰色到红棕色都有，热带地区的倾向于红色，北方地区的多为灰色。

# 形似蝙蝠的飞怪

## 报纸的相关报道

人们普遍认为怪物只有在与世隔绝的丛林沼泽才能够被人们所发现，但以下报道足以让读者惊奇。

1890年4月26日，一家名为《墓志铭》的美国报纸刊登出

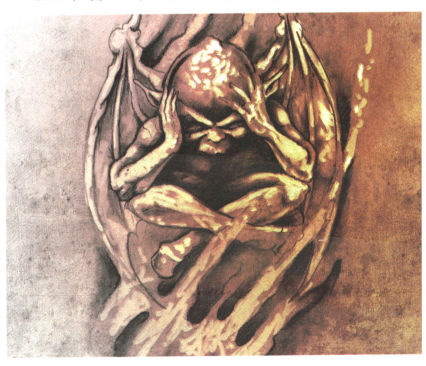

一条令人震惊的报道。作者称几天以前，两骑手在穿越距墨西哥边境约24000米的一片沙漠时，突然看到空中飞来一只巨大的怪物。

据目击者称，这只怪物体长超过27米，它那两边形似蝙蝠的翅膀在展开时竟有48米之宽。同蝙蝠翅膀一样，它的双翼上也没有羽毛，而是裸露着粗糙的厚皮。它的头部有两米长，嘴巴张开时露出上下两排尖利的长牙。

1969年，有一家杂志重新登出了几十年前由《墓志铭》报刊登过的那篇报道。一位年事极高的老人在看过重登出来的报道后，他说自己在孩提时代曾结识过报道中提到的那两位目击者，并曾亲耳听他们讲起过有关怪物的故事。老人说，那两位

骑手是他们家乡赫赫有名的牛仔，他们说确实在是在1890年4月下旬的一天看到过一只以前从未见过的会飞的怪物。这只怪物有一对不长羽毛的翅膀，但这对翅膀没有报纸上吹嘘的那么大。实际上，它的翼展开只有大约6米至10米宽。当然，这已经称得上是巨翅了。两名骑手也确实曾举枪向怪物射击，但没能将其击毙。怪物在中枪后有两次几乎栽落到地面上，但每一次都挣扎着又飞了起来。最后，当两位牛仔离开时，这只受了伤的巨怪仍然在半空中扑腾。

### 教师的亲身经历

在距今更近的1976年2月24日，得克萨斯州的3名中学教师驾车外出办事。正当他们行驶在距墨西哥边境很近的一条乡间

公路上时，他们突然感到自己的汽车被一个很大的黑影罩住了。3个人不约而同地抬头看去，发现汽车正上方很低的空中正飞行着一只巨大的怪物。

这只怪物长着一双巨翅，翅膀上没有羽毛，裸露在外的皮肤绷得紧紧的，从下面可以清楚地看到支撑起这双巨翅的那些长长的骨骼。这对翅膀倒很像蝙蝠的双翼，只是它们大得出奇，在完全展开时达5米至6米宽。

教师们都被这只物怪惊呆了，他们从未见过甚至从未听说过这样的怪物。事后，3个人花了很多时间去翻阅各种资料，想搞清楚它到底是什么东西。他们觉得哪怕曾有人发现过任何一种与之相类似的动物，不管是活的还是死的，都有助于解开他们心中的疑团。

最后，终于在一本书中找到了一种与他们所看到的怪物最为接近的动物，那就是翼手龙，一种长着巨喙、翼展达9米的会飞的恐龙。不过，这种动物早在6500万年以前，也就是恐龙时代结束时就在地球上灭绝了。他们看到的会是翼手龙吗？

### 夫妇的所见所闻

一波未平，一波又起。很快又有两个人声称，在3位教师看到怪物之前的几天，也在靠近墨西哥边境的地方见过这种怪

物。或许这两拨人所见到的是同一只动物。

上述事件也发生在其他一些地方。1981年8月8日清晨，一对夫妇驾车穿越宾夕法尼亚州的塔斯卡洛拉山，他们突然发现眼前跑出两只形似蝙蝠的动物。

这两只长着翅膀的家伙显然因汽车快速驶近而受到了惊吓，它们张开双翅像受了惊的鸭子一样蹒跚着向前奔跑，拼命挣扎着要飞起来。它们的双翅没有羽毛，完全展开时有15米宽，几乎接近公路的宽度。没多久，两只怪物就腾空而起，向远方飞去。坐在汽车内的夫妇两人一直紧盯着这两只咆哮着的巨怪，直至它们消失在天际。

从这两个人所描述的情况来看，他们所看到的也像是翼手龙。难道它们真是生活在史前时期的那种会飞恐龙的后裔吗？

### 发现翼手龙化石

所有这些目击事件都无法用现有的科学知识去解释。在持正统科学观念的人看来，这些目击者肯定是发生了错觉或幻觉，不然的话，他们就是在为哗众取宠而设置骗局。不过，科学研究已经证实，在北美大陆上确实生活过翼手龙一类的古代动物。

1971年至1975年间，在得克萨斯州的西部，一共出土了3具翼手龙化石。经鉴定，它们都生活在恐龙时代的末期。尽管3具骨骼化石都不完整，但仅凭已经找到的骨骼就完全可以推

算出这种翼手龙的翼展大约有15米宽。

迄今为止，这些化石不仅是我们所发现的最大的飞龙化石，也是距今年代最近的飞龙化石。从现有的资料来看，它们很可能是地球上最后的翼手龙。也许有一天我们能找到距今年代更近的翼手龙化石，或许还能挖出几具它们的遗体呢！

拓 展 阅 读

翼手龙生活在白垩纪，它们的骨骼在欧洲被发现。翼手龙头骨轻巧，骨骼薄，中空；第一指特别长，用以支撑膜翼；后肢短。翼龙类是唯一发展成具有强劲飞行能力的爬行动物，能如鸟类一样地展翅飞翔于天空。